MICHAEL ALBERG-SEBERICH, DERRICK FELDMANN

DAS NEUE CORPORATE SOCIAL MIND

Für Bis, Paige und Blair. Danke, dass ihr mir die Möglichkeit gebt, mich täglich dieser Arbeit widmen zu dürfen. Eure Liebe, Geduld und Unterstützung sind überwältigend und herzerwärmend. Was will ich mehr!

– DF

Für meinen Sohn Johann, der mich immer wieder daran erinnert hat, wie wichtig es sei, dieses Buch zu Ende zu schreiben. Für meine Familie, ohne die dieses Buch nie entstanden wäre. Danke!

– MAS

REDLINE | VERLAG

DAS NEUE CORPORATE SOCIAL MIND

WARUM HALTUNG ALLES IST – UND WIE UNTERNEHMEN SOZIALEN WANDEL BEWIRKEN

MICHAEL ALBERG-SEBERICH
DERRICK FELDMANN

Bibliografische Information der Deutschen Nationalbibliothek:
Die Deutsche Nationalbibliothek verzeichnet diese Publikation in der Deutschen Nationalbibliografie; detaillierte bibliografische Daten sind im Internet über http://d-nb.de abrufbar.

Für Fragen und Anregungen:
info@redline-verlag.de

1. Auflage 2022

Übersetzung: Dr. Janina Gatzky
Redaktion: Marijke Leege-Topp
Umschlaggestaltung: Marc Fischer
Satz: ZeroSoft, Timisoara
Druck: GGP Media GmbH, Pößneck
Printed in Germany

ISBN Print 978-3-86881-878-9
ISBN E-Book (PDF) 978-3-96267-396-3
ISBN E-Book (EPUB, Mobi) 978-3-96267-397-0

INHALT

VORWORT ZUR DEUTSCHEN AUSGABE

Wir kommen aus zwei unterschiedlichen Welten. Derrick Feldmann ist Forscher und Berater in den USA. Er arbeitet seit mehr als 20 Jahren zu gesellschaftlichen Themen und sozialen Bewegungen mit Unternehmen und NGOs zusammen. Sein Schwerpunkt ist die Analyse der öffentlichen Meinung und die darauf basierende Entwicklung von Engagement- und Kommunikationsstrategien. Ziel ist es immer, die Öffentlichkeit für gesellschaftliche Herausforderungen zu interessieren beziehungsweise sie für ein Engagement, also das aktive Handeln für die Gesellschaft, zu gewinnen.

Michael Alberg-Seberich ist Berater in Europa. Von Berlin aus arbeitet er seit mehr als 25 Jahren zu gesellschaftlichen Herausforderungen und der Wirkung von möglichen Lösungen für diese mit Akteuren der Wirtschaft und Philanthropie. Ein Schwerpunkt seiner Arbeit sind die Entwicklung und Implementierung wirkungsvoller, gesellschaftlicher Engagement-Strategien von börsennotierten Unternehmen, Familienunternehmen, Investmentfonds und Stiftungen.

Gemeinsam ist uns eine Leidenschaft, gesellschaftliche Problem zu verstehen und Strategien dafür zu entwickeln, wie unsere Partner aus Wirtschaft und Zivilgesellschaft, manchmal auch der öffentlichen Hand, einen Beitrag zur Lösung dieser leisten können. Dabei geht es uns darum, Wege zu finden, die eng verknüpft sind mit Evidenz aus Forschung und Praxis.

Wir kennen uns schon seit 15 Jahren. Wir diskutieren seitdem hitzig über Lösungswege, Studien, Wirkung und Haltung, wenn es um die gesellschaftliche Verantwortung von Unternehmen geht. Michael argumentiert mit fehlenden Belegen von Wirkung, nachhaltigen Strategien und der wachsenden Verantwortung der Unternehmen. Derrick beruft sich auf die Möglichkeiten, die das Marketing und die Kommunikation eines Unternehmens haben, um gesellschaftliche Themen voranzubringen. Wenn wir uns sehen, dann treffen wir uns meist zum Essen (oder vielen Tassen Kaffee) und tauschen uns zu unseren Erfahrungen aus. Die Ergebnisse dieser Gespräche sind vielfältig. Dieses Buch bringt viele unserer Ideen und Beobachtungen zusammen.

Ausgangspunkt unserer Arbeit zum gesellschaftlichen Engagement von Unternehmen ist die Überzeugung, dass dieses nur sinnvoll ist, wenn es auf der Grundlage von Partnerschaft und Kooperation stattfindet. Einerseits die Zusammenarbeit mit Stakeholder:innen wie der Zivilgesellschaft, der öffentlichen Hand oder anderen Unternehmen. Andererseits die Zusammenarbeit innerhalb eines Unternehmens zwischen C-Level, den Teams für Corporate Social Responsibility (CSR), soziale Innovation beziehungsweise soziale Wirkung und denen für Marketing, Kommunikation und Öffentlichkeitsarbeit. Innerhalb von Unternehmen fehlt es häufig an einem gemeinsamen Verständnis der gesellschaftlichen Verantwortung und wie diese in der Praxis umzusetzen ist. Die Covid-19-Pandemie hat uns dies erneut in der praktischen Arbeit gezeigt. Unternehmen haben sich in dieser Zeit mit vielen Ressourcen von Geld über Desinfektionsmittel bis zu digitalem Mentoring von Schüler:innen eingebracht, aber häufig ohne eine fehlende Gesamtstrategie, ohne Absprache zwischen Marken und dem Unternehmen als Ganzem, ohne einen

Plan, wie das Covid-19-Engagement sich in die gesellschaftliche Verantwortung des Unternehmens insgesamt einreiht.

Zusätzlich werden gesellschaftliche Themen für Unternehmen durch die wachsenden Erwartungen an deren ökologische Nachhaltigkeit und die wachsende Bedeutung von Purpose, also dem Warum eines Unternehmens jenseits der ökonomischen Interessen, immer wichtiger. Die Erwartung, dass ein Unternehmen die Frage nach dem Warum heute beantworten kann, führt erneut CSR, Corporate Citizenship, Marketing, Kommunikation, aber auch Innovation, Produktentwicklung und Produktion zusammen. Alle im Unternehmen sind aufeinander angewiesen, um ein gesellschaftliches Problem zu analysieren und mit eigenen Maßnahmen und Innovationen auf dieses zu reagieren. Einige Unternehmen in diesem Buch sind beispielhaft für diese Kollaboration.

Dieses Buch soll allen in einem Unternehmen erlauben, ihre Rolle mit Blick auf die gesellschaftliche Verantwortung zu finden, und die praktische Umsetzung dieser Verantwortung – hoffentlich – inspirieren. Voraussetzung hierfür ist eine unternehmerische Grundhaltung, die immer die gesellschaftliche Verantwortung mit im Blick hat. Diese Haltung führt zu einem anderen Management hinsichtlich dieser Verantwortung als bisher, hebt interne Silos auf und fördert den Dialog mit Kund:innen, Stakeholder:innen und der Öffentlichkeit. Unternehmen können so zur Lösung einiger der zentralen gesellschaftlichen Herausforderungen unserer Zeit, von Klimawandel bis Bildungsgerechtigkeit, beitragen.

Dieses neue Corporate Social Mind (CSM), also die unternehmerische Haltung zur gesellschaftlichen Verantwortung, ist Ausgangspunkt für den Dialog über Werte und Purpose, gesellschaftliche Herausforderungen, Cause-Related Marketingkampagnen, Führungskräfteentwicklung und Innovationsmanagement. Die von uns herausgearbeiteten acht Merkmale dieser Haltung erlauben die Integration von gesellschaftlichen Fragen in das Gesamtmanagement eines Unternehmens. Dies mag selbstverständlich erscheinen, ist es jedoch bislang in der Praxis nicht.

Das Buch stellt eine Auswahl von Unternehmen vor, die auf Grundlage dieser Haltung arbeiten oder auf dem Weg sind, diese deutlicher in den Mittelpunkt zu stellen. Sie lernen einige der Unternehmen in längeren Einzelinterviews mit Manager:innen am Ende jedes Kapitels kennen, andere sind als Beispiele verwoben mit den Sachkapiteln. Einige dieser Unternehmen kennen Sie, andere werden neu und vielleicht auch überraschend für Sie sein. Wir konzentrieren uns in diesem Buch auf Unternehmen, ganz gleich welcher Größe oder Reichweite, die in Sachen gesellschaftlicher Verantwortung Wirkung haben.

Wir entwickeln ein positives Bild der Möglichkeiten von Unternehmen im Sinne des guten Kaufmanns auch für die Gesellschaft. Durch die Rückmeldungen auf die amerikanische Ausgabe des Buchs ist uns bewusst, dass diese Haltung nicht von allen Leser:innen geteilt wird. Wir wissen aus unserer Arbeit sehr wohl um gesellschaftliche Verantwortungsübernahme von Unternehmen, die nicht ernst gemeint ist und nur von ökonomischen Überlegungen geleitet wird. Wir glauben, dass diese fehlgeleiteten Haltungen auf Dauer keine Chance am Markt haben werden. Das mag naiv klingen, aber unsere Praxis zu Themen wie Waffenkontrolle, Vielfalt, Bildung bis hin zu psychischer Gesundheit hat uns dies immer wieder gezeigt. Und ja, auch wir sind schon enttäuscht worden.

Wir müssen uns in diesem Buch eingestehen, dass wir nur einen eingeschränkten Blick auf die Welt haben. Die hier aufgeführten Unternehmen stammen überwiegend aus Europa und Nordamerika. Wir sind uns sicher, dass es viele andere Beispiele weltweit gibt, und hoffen, dass dieses Buch eine Anregung ist, diese bekannter zu machen. Wir hoffen, von weiteren Beispielen inspiriert zu werden und unsere Überlegungen zur gesellschaftlichen Verantwortung von Unternehmen so weiterzuentwickeln. Teilen Sie gerne jeden Hinweis hierzu mit uns.

Dieses Buch soll allen verantwortlichen Manager:innen in Unternehmen sowie jenen, die mit Unternehmen zu gesellschaftlichen Themen zusammenarbeiten, wie Manager:innen in NGOs, als Werkzeugkasten dienen. Aus diesem Grund wird es vermutlich viele unserer Kolleg:innen in Wissenschaft und Praxis nicht an jeder Stelle zufriedenstellen, was die Tiefe der Argumentation und die Herleitung der Evidenz betrifft. Unser Ziel ist es, einen Praxisleitfaden für eine neue strategische Herangehensweise zur gesellschaftlichen Verantwortung von Unternehmen anzubieten. Wenn Unternehmen immer klarer diese Haltung annehmen, wird uns dies zahlreiche neue Möglichkeiten in der angewandten wie der wissenschaftlichen Forschung erlauben. Wir haben selbst damit begonnen, unter thecorporatesocialmind.com weitere Ressourcen und Fallstudien zu dem Thema zu entwickeln.

Die deutsche Ausgabe haben wir um ein Glossar und ein Abkürzungsverzeichnis erweitert. Zusätzlich wurden Quellen hinzugefügt, ergänzt und aktualisiert. Zwei Interviews mit US-Unternehmen wurden in dieser Ausgabe durch solche mit Unternehmen aus dem deutschsprachigen Raum ersetzt, um einen besseren Einblick in die Praxis in Europa zu erlauben.

Zur Sprache: Zentrale Begriffe wie beispielsweise Mitarbeiter:innen oder Verbaucher:innen werden gegendert. Andere Begriffe wiederum wie Lieferanten, Partner oder Aktionäre werden nicht gegendert, da sie in der Regel Unternehmen meinen und keine Personen.

Die Anrede in den Interviews wechselt je nach Gesprächspartnerin oder Gesprächspartner zwischen Du und Sie. Hierin spiegelt sich die Kommunikation am globalen Arbeitsplatz heute.

Wir wünschen Ihnen viel Freude beim Lesen dieses Buchs. Wir glauben, dass die Debatten zu Klima und sozialer Gerechtigkeit durch die Pandemie noch relevanter geworden sind. Wir sind gespannt auf Ihr Feedback, Ihre Erfahrungen mit dem Thema und Ideen, wie das Corporate Social Mind verbreitet werden kann. Kommen Sie gerne auf uns zu!

EINIGE GEDANKEN VON DERRICK FELDMANN

Ich kann mich an Geschichten aus meiner Kindheit erinnern, in denen es darum ging, was es heißt, ein eigenes Unternehmen zu führen und damit Geld zu verdienen. Ob Eltern oder frühe Mentor:innen – alle sprachen davon, wie erfüllend es sei, wenn man sich ein eigenes Haus oder neues Auto leisten könne. Oder wie wunderbar es sich anfühle, wenn man in der Lage ist, sich nach und nach lang gehegte Wünsche zu erfüllen. Das, so meinten viele, sei der Moment, in dem einem klar wird, dass man es »geschafft« habe, wie es so schön heißt. Mir ist diese Vorstellung in Fleisch und Blut übergegangen.

Als Student schwirrte mir diese Wunschvorstellung, die andere als Erfolg bezeichnen, ständig durch den Kopf. Ich bedrängte regelrecht alle mit meinen Ideen, die mir Gehör schenkten. Wie jeder junge Unternehmer dachte ich, es wäre ein Klacks, ein zukunftsfähiges Unternehmen zu gründen, das schon irgendwie wachsen würde, bis mir schließlich die Welt zu Füßen läge.

Als ich jedoch begann, mich intensiver mit den Problemen der Welt auseinanderzusetzen und über den eigenen Tellerrand hinauszuschauen, wurde mir bewusst, dass Unternehmertum mehr ist als das, was andere mir erzählt hatten. Obwohl mir klar war, dass man nicht umhinkommt, Geld zu verdienen, entschied ich für mich, dass nicht Geld die Rolle der Wirtschaft in der Gesellschaft bestimmen sollte. Nach und nach wurde mir die Macht bewusst, die Unternehmen in unserer Gesellschaft und Kultur haben beziehungsweise ausüben können: egal, ob man eine Kaufentscheidung für ein bestimmtes Produkt trifft, eine Dienstleistung in Anspruch nimmt oder einfach nur einen Film oder Werbung schaut.

Wenn ich einen Döner kaufe und das dahinterstehende komplexe Lieferkettensystem verstehe, wenn ich ein Stückchen Schokolade esse und etwas über das Leben eines Kakaobauern und die Auswirkungen des Produkts auf unzählige andere Menschen lerne, dann bin ich Nutznießer von Wissen, zu dem ich keinen Zugang hätte, wenn ein Unternehmen nicht bereit wäre, soziale Verantwortung in Entscheidungen einfließen zu lassen, um Verbraucher:innen aufzuklären. Hier zeigt sich konkret das Zusammenspiel von Wirtschaft und Gesellschaft.

EINIGE GEDANKEN VON MICHAEL ALBERG-SEBERICH

Ich hätte mir nie träumen lassen, dass ich einmal ein Buch schreiben würde, noch dazu ein Buch, das Unternehmensmarketing und -kommunikation mit sozialer Wirkung und der gesellschaftlichen Verantwortung von Unternehmen verknüpft. Diese Verbindung ist das Ergebnis der unterschiedlichen Erfahrungen, die mein Ko-Autor Derrick Feldmann und ich zusammenbringen. In meiner langjährigen Arbeit mit der Wirtschaft habe ich genau das erlebt: Wenn wir etwas Positives für unsere Gesellschaften erreichen wollen, muss innerhalb von Unternehmen zusammengearbeitet werden und die Kollaboration mit den anderen Stakeholder:innen der Gesellschaft gesucht werden.

Mein Vater, ein gelernter Wirtschaftsingenieur, der in den 1960er- und 1970er-Jahren in Deutschland IT-Berater der ersten Stunde war, prägte meine Sicht auf die Wirtschaft. Er ermutigte mich, etwas zu studieren, was mich wirklich interessierte. Er war davon überzeugt, dass Neugier und Unternehmergeist der Karriere zuträglich sind.

Mein beruflicher Werdegang begann im gemeinnützigen Sektor und der Stiftungswelt. Von Anfang an war es mir ein Anliegen, einen Beitrag zu positiven gesellschaftlichen Veränderungen zu leisten. Dieses Interesse fließt in meine Arbeit mit Stiftungen, Unternehmen und Investmentfonds bei Wider Sense, die Beratungsfirma und Denkfabrik, die ich mit aufgebaut habe, ein. Die Praxis der partnerschaftlichen Beratung zeigt immer wieder, dass ein Unternehmen, das den sozialen Wandel nachhaltig fördern möchte, weit mehr braucht als eine gute Strategie für Corporate Social Responsibility, Corporate Citizenship oder Corporate Philanthropy.

Es war für meine Kolleg:innen und mich immer wichtig, diese Managementansätze aus ihren Silos zu befreien und in der Gesamtheit eines Unternehmens zu betrachten. In den vielen Gesprächen mit Derrick wurde klar, dass Marken, Kommunikation und Marketing eine entscheidende Rolle bei der Förderung des sozialen Wandels durch die Wirtschaft spielen können. Es zeigte sich, dass diese ganzheitliche Sicht auf unternehmerische gesellschaftliche Verantwortung als Denkansatz innerhalb eines Unternehmens verankert werden muss. In diesem Buch kommen Unternehmen zu Wort, die diese Haltung bereits leben oder sich auf den Weg gemacht haben. Gleichzeitig bietet es Handlungsanleitungen für interessierte Manager:innen in Wirtschaft und Zivilgesellschaft.

Das vorliegende Buch stützt sich auf eine Haltung, die mir schon mein Vater mitgegeben hat. Nämlich, dass ein Unternehmen in der Gesellschaft positiven sozialen Wandel befördern kann, wenn alle Rädchen ineinandergreifen: vom Innovationsmanagement über die Unternehmenswerte, Produktion bis hin zu Marketing und Kommunikation. Mein Vater hat das nicht formuliert, aber er hat es so gelebt, es war seine Grundhaltung.

EINFÜHRUNG

Gemeinsam gesellschaftliche Veränderungen anstoßen

Unternehmen können unseren Verstand und unser Herz beeinflussen, wenn sie uns helfen, komplexe Sachverhalte zu verstehen. Wenn sie aufzeigen, was möglich ist, wenn wir für einen Fehler Verantwortung übernehmen und daraus für die Zukunft lernen. Oder wenn sie uns dazu bringen, eigene Vorurteile zu hinterfragen und uns für Neues zu begeistern, das jenseits des bloßen Konsums einer Ware entsteht.

Um Unternehmen dabei zu unterstützen, eine solche Wirkung zu entfalten, beschreiben wir in diesem Buch die Merkmale, Werte und Haltung, die Unternehmen für sich annehmen und anwenden müssen, um wirksam und authentisch gegenüber jenen Menschen aufzutreten, auf die sie (intern und extern) Einfluss haben, wenn sie die Gesellschaft zum Besseren verändern wollen. Dabei ist uns klar, dass allein die Entscheidung für eine Form des Besseren meist eine normative Entscheidung ist.

Unternehmen sind heutzutage oft die treibende Kraft hinter vielen unserer Anliegen und Belange, wenn sie bereit sind, diese

Rolle anzunehmen. Als Verbraucher:innen und Expert:innen können wir uns an der Seite solcher Unternehmen engagieren, denn gemeinsam können wir nachhaltige gesellschaftliche Veränderungen anstoßen.

Sozialer Wandel hat viele Gesichter, allerdings dürfte wohl weitestgehend Einigkeit darüber bestehen, dass in unserer komplexen Welt die Wahrscheinlichkeit, die Gesellschaft langfristig zu verändern, größer ist, wenn alle beteiligten Sektoren gemeinsam an einem Strang ziehen, als wenn eine Marke, eine staatliche Behörde oder gemeinnützige Organisation allein voranprescht. Schon früher galt: »Gemeinsam geht's besser« und »Niemand lebt für sich allein«.

GESELLSCHAFTLICHES UNTERNEHMENSENGAGEMENT HEUTE

Immer mehr Unternehmen engagieren sich für gesellschaftliche Belange.[1] Forschungsarbeiten stützen die Ansicht, dass sich gesellschaftliche Probleme nicht ohne Einbeziehung der Wirtschaft lösen lassen.[2] Obwohl die Forschung genug Belege für die Notwendigkeit und Wirksamkeit des sozialen Engagements von Unternehmen liefert,[3] gibt es weitere (und weniger offensichtliche) Gründe für Unternehmen, sich für die Bewältigung von gesellschaftlichen Herausforderungen zu engagieren – Gründe, die weit über das Ergebnis hinausreichen, das am Ende des Geschäftsjahrs unter dem Strich steht. Dazu gehören:

- Die Umsetzung ethischer Geschäftspraktiken, die der Gesellschaft und unserer Welt nicht schaden.

- Das Reagieren auf den Druck von Aktionären, Verbraucher:innen und Regierungen, bestimmte Standards zu erfüllen.

- Der Aufbau einer Reputation, um Markenaffinität und Kundentreue zu stärken, wobei die Bedürfnisse der Gesellschaft einbezogen werden.

- Die Umsetzung von Unternehmenswerten, die zu einer Arbeitskultur beitragen und auf den Unternehmenszweck, in der Managementliteratur heute häufig als Purpose bezeichnet,[4] gerichtet sind und nicht nur auf Profit abzielen.

- Das Einbringen der Haltungen, Erfahrungen und Werte von Führungskräften gegenüber bestimmten Bevölkerungsgruppen, sozialen Herausforderungen, Beziehungen und Gemeinschaften. In einigen Familienunternehmen bedeutet dies mitunter, persönliche Werte und Haltungen bei der Ausrichtung von Unternehmensressourcen zu berücksichtigen.

Neben den ureigenen Interessen eines Unternehmens und Notwendigkeiten spielt der Druck von Verbraucher:innen, Gesellschaften und Regierungen bei der Entscheidung, sich sozial zu engagieren, eine Rolle:

- Die Gesellschaft erwartet heute von Unternehmen, die ökologischen, sozialen und wirtschaftlichen Auswirkungen ihrer Tätigkeit auf die Umwelt, die Region, in der das Unternehmen tätig ist, und die in der Nähe des Unternehmens lebenden, arbeitenden und spielenden Menschen zu berücksichtigen. Im Wesentlichen müssen Unternehmen heutzutage die weiteren Folgen der Entwicklung, Herstellung und des Verkaufs von Waren und Dienstleistungen im Blick haben.[5]

- Arbeitnehmer:innen wollen in Unternehmen arbeiten, die das Gemeinwohl fördern und nicht durch Ignoranz oder Abschreckung zu einer weiteren Verschlimmerung der gesellschaftlichen Lage beitragen.[6] Gleichzeitig suchen solche Menschen nach Arbeitgebenden, die sich für die eigene Belegschaft und Gemeinschaften starkmachen, indem sie angemessene Löhne und Gehälter zahlen, sichere und gesunde Arbeitsplätze bieten und korrektes Verhalten fördern.[7]

- Das Konsumverhalten von Verbraucher:innen hat sich verändert. Heute wird vermehrt bewusster konsumiert, was dazu führt, dass Unternehmen mit ihren Produkten und Dienstleistungen neue Interessen, gesellschaftliche Erwartungen sowie Sicherheitsbedürfnisse erfüllen müssen.[8] Wünsche und Bedürfnisse von Verbraucher:innen mit gesellschaftlichen Fragen und Erwartungen und den Produkt- und Serviceangeboten von Unternehmen in Einklang zu bringen, ist ein Ansatz, der ständig weiterentwickelt werden muss.

- Heute gibt es mehr Investitionsmöglichkeiten für Unternehmen, die sich sozialen Themen verschrieben haben und Produkte und Dienstleistungen anbieten, die die Bedürfnisse von Verbraucher:innen und Unternehmen erfüllen. Die Zahl privater und institutioneller Investoren, die sich gesellschaftlichen Herausforderungen stellen wollen, nimmt zu.[9] Dafür bedarf es ständig neuer Ansätze im Hinblick auf Umwelt und soziale Fragen, unabhängig von der Größe eines Unternehmens.

- Unternehmen aller Größen wollen Unternehmenswerte enger mit den Menschen verknüpfen, auf die ihr Handeln am Standort sowie am Markt wirkt.[10] Außerdem wächst der Druck auf künftige Unternehmergenerationen, sich für gesellschaftlich relevante Projekte und Initiativen zu engagieren.

Zusammengenommen tragen alle diese Gründe dazu bei, dass Unternehmen die Entscheidung treffen, sich sozial zu engagieren, auch wenn jeder Grund für sich allein für ein Unternehmen sicherlich noch nicht ausschlaggebend ist, gesellschaftliche Herausforderungen ganz oben auf die eigene Agenda zu setzen. Unternehmen, die sich bewusst dafür entscheiden, das Wohl der Gesellschaft im Rahmen ihrer Geschäftstätigkeit mitzudenken, tun dies in dem Bestreben, Wirtschaft und Gesellschaft in einer symbiotischen Beziehung zusammenzuführen, um die Bedürfnisse des Einzelnen, von Familien und Gemeinschaften zu erfüllen.

EIN BLICK ZURÜCK: VON UNTERNEHMENSSPENDEN ZU GESELLSCHAFTLICHER WIRKUNG

Dass sich Unternehmen mit sozialen Fragen auseinandersetzen, ist ein Phänomen, das im Laufe der Geschichte an Bedeutung gewonnen hat, da kulturelle, gesellschaftliche und generationsbedingte Veränderungen zu einem bewussteren und ganzheitlicheren Verständnis für gesellschaftlichen Wandel geführt haben. Viele Faktoren haben zu diesen Veränderungen beigetragen, darunter Konflikte, Naturkatastrophen, technische Neuerungen und Veränderungen auf den globalen Finanzmärkten. Diese Entwicklung bedingte aber auch, das in diesem Bereich verbreitete Prinzip »People, Planet, Profit« weiterzudenken.

Jeder Schritt der Weiterentwicklung des gesellschaftlichen Engagements aufseiten des Managements von Unternehmen hat eine inhaltliche Fokussierung dieses Engagements sowie das Annehmen von dessen Wirkung nötig gemacht. Gleichzeitig ist es dadurch gelungen, immer mehr Stakeholder:innen zusammenzubringen, um auch durch den Einsatz von Unternehmensressourcen gesellschaftliche Herausforderungen zu bewältigen. Diese Entwicklung ist aus unserer Sicht durch vier Meilensteine gekennzeichnet:

MEILENSTEIN 1: CORPORATE PHILANTHROPY:

Bereitstellung von Finanzmitteln oder Humankapital in Form von Spenden, Freiwilligen-Engagement und Sachleistungen im Rahmen eines Unternehmens.

MEILENSTEIN 2: CORPORATE SOCIAL RESPONSIBILITY:

Konzeption von Programmen und Maßnahmen zur Unterstützung der Entwicklung sinnvoller Umwelt- und Lieferkettenprojekte, um die Auswirkungen von Produkten, Praktiken, Waren und Dienstleistungen auf die Gesellschaft als Ganzes zu berücksichtigen.

MEILENSTEIN 3: GESELLSCHAFTLICHES WOHL (SOCIAL GOOD):

Aufweichen der Grenzen zwischen Wirtschaft, Staat und Zivilgesellschaft, um gesellschaftliche Probleme durch innovative Ansätze zu lösen, sowie Anwendung maßgeschneiderter Geschäfts- und Finanzpraktiken, die soziale Wirkung entfalten. Diese Prinzipien – von B-Corps zu Impact Investing – brechen die historischen Trennlinien zwischen Unternehmen und gemeinnützigen Organisationen auf.

MEILENSTEIN 4: GESELLSCHAFTLICHE WIRKUNG (SOCIETAL IMPACT):

Ganzheitlicher Blick auf Vermögenswerte und Anwendung von Marketing-, Kommunikations-, Investitions-, Partnerschafts- und Kooperationsmethoden sowie von Grundsätzen der haltungsorientierten Führung in Bezug auf gesellschaftliche Problemstellungen. Hier durchdringen Ansätze für gesellschaftliches Wirken alle Unternehmensbereiche und werden gemessen, analysiert und koordiniert, um die Gesellschaft voranzubringen.

DIE ROLLE VON UNTERNEHMEN

Wir beobachten häufig, dass Unternehmen beim Umgang mit sozialen Themen bestimmte Rollen einnehmen, die sich im Laufe der Zeit und in Abhängigkeit von dem zur Bewertung des Engagements eines Unternehmens gewählten Ansatz in Bezug auf ein bestimmtes Thema verschieben. Diese Rollen lassen sich wie folgt definieren:

- **Die Spontanen** leisten Finanzspenden, die keinen spezifischen strategischen Fokus haben.
- **Die Gebenden** haben keinen klaren Schwerpunkt und planen Ressourcen kurzfristig, wobei Spenden an Nichtregierungsorganisationen (NGOs) vergeben werden.
- **Die Engagierten** konzentrieren sich auf wenige langfristig ausgerichtete Themenbereiche und haben zu diesem Zweck entsprechende Ressourcen bereitgestellt, allerdings fehlt der explizite Fokus auf Ergebnisse und Wirkung.
- **Die Strategen** verfügen über eine klare Strategie und Zielsetzung mit konsequenter Ergebnis- und Wirkungsorientierung.
- **Die Integrierenden** binden gesellschaftliches Engagement vollständig in das Tagesgeschäft und die soziale Wertschöpfungskette des Unternehmens ein.[11]

WAS IST EIN CORPORATE SOCIAL MIND?

Unter dem Begriff »Corporate Social Mind« (CSM) verstehen wir einen Ansatz der Unternehmensführung. Gemeint ist damit eine unternehmerische Haltung, die wirtschaftlichen Erfolg mit sozialem Engagement verzahnt. Ein die gesellschaftliche Verantwortung wahrnehmendes Unternehmen verfügt über eine Reihe von Charakteristika, die es ihm ermöglichen, soziales Engagement in alle Bereiche des Unternehmens einfließen zu lassen. Per definitionem spielen soziale Aspekte in allen Bereichen der Unternehmenstätigkeit eine Rolle: von der Lieferkette über die Produkte und Dienstleistungen bis hin zu Logistik, Marketing, Kommunikation und so weiter.

Ein solches Unternehmen zeichnet sich durch die folgenden Merkmale aus:

MERKMAL 1: EIN DIE GESELLSCHAFTLICHE VERANTWORTUNG WAHRNEHMENDES UNTERNEHMEN DENKT BEI ENTSCHEIDUNGEN DAS GEMEINWOHL MIT

Bei allen Entscheidungen, die das Management trifft, steht der gesellschaftliche Nutzen stets im Vordergrund. Vor jeder Entscheidung wird gefragt, wie diese sich auf das Unternehmen, die Menschen, die Gesellschaft und die Umwelt auswirkt.

MERKMAL 2: EIN DIE GESELLSCHAFTLICHE VERANTWORTUNG WAHRNEHMENDES UNTERNEHMEN LEBT SEINE WERTE

Die Werte eines Unternehmens sind Ausdruck des Engagements jedes Mitarbeitenden für die Gemeinschaft und eine bessere Welt. Mitarbeitende auf allen Ebenen betrachten das Gemeinwohl als wesentlichen Aspekt der Existenzberechtigung des Unternehmens und setzen diese Werte in ihrer täglichen Arbeit um.

MERKMAL 3: EIN DIE GESELLSCHAFTLICHE VERANTWORTUNG WAHRNEHMENDES UNTERNEHMEN SETZT ALLE SEINE RESSOURCEN ZUM NUTZEN DES GEMEINWOHLS EIN

Unternehmen setzen ihr geistiges, soziales, finanzielles und emotionales Kapital ein, um Ideen voranzutreiben, die den gesellschaftlichen Fortschritt fördern.

MERKMAL 4: EIN DIE GESELLSCHAFTLICHE VERANTWORTUNG WAHRNEHMENDES UNTERNEHMEN HÖRT ZU, BEVOR ES HANDELT

Unternehmen schenken der Gesellschaft Gehör, bevor sie Innovationen und Umsetzungen vorantreiben. Sie bemühen sich, gesellschaftlichen Nutzen, (Aus-)Wirkungen und Bedürfnisse zu verstehen, bevor sie handeln und neue Produkte, Dienstleistungen und Lösungen entwickeln und auf den Markt bringen.

MERKMAL 5: EIN DIE GESELLSCHAFTLICHE VERANTWORTUNG WAHRNEHMENDES UNTERNEHMEN HAT EINE SOZIALE STIMME

Neben Transparenz ist es wichtig, dass Unternehmen sich authentisch zu gesellschaftlichen Themen positionieren, damit Verbraucher:innen, Öffentlichkeit und Stakeholder:innen verstehen, wo ein Unternehmen steht. Zu einem Thema Stellung zu beziehen bedeutet nicht, dass Produkt und Problemfeld automatisch miteinander in Beziehung stehen. Vielmehr kann es um Fragen gehen, die Menschen im Umfeld des Unternehmens bewegen.

MERKMAL 6: EIN DIE GESELLSCHAFTLICHE VERANTWORTUNG WAHRNEHMENDES UNTERNEHMEN KOOPERIERT MIT ANDEREN

Unter Kooperationen verstehen wir Zusammenschlüsse, Netzwerke oder Gruppen von Unternehmen, die sich gemeinsam für die Lösung eines sozialen Problems einsetzen. Unternehmen übernehmen eine Führungsrolle, indem sie die Agenda von thematischen Kooperationsverbänden, zum Beispiel Bildung, Obdachlosigkeit oder LGBTQ, vorantreiben. Im Rahmen einer solchen Zusammenarbeit kommen Vertreter:innen aller Sektoren (privat, öffentlich und gemeinnützig) zusammen.

MERKMAL 7: EIN DIE GESELLSCHAFTLICHE VERANTWORTUNG WAHRNEHMENDES UNTERNEHMEN MISST DIE GESELLSCHAFTLICHE WIRKUNG

Unternehmen messen die (Aus-)Wirkungen ihrer Entscheidungen auf alle Aspekte der Gesellschaft sowie auf ihr Geschäft. Darüber hinaus berichten sie auf allen Ebenen transparent über Finanzen, gesellschaftliche Wirkungen, Produktentwicklung und Auswirkungen auf Mensch und Planet.

MERKMAL 8: EIN DIE GESELLSCHAFTLICHE VERANTWORTUNG WAHRNEHMENDES UNTERNEHMEN TREIBT INNOVATIONEN FÜR DAS GEMEINWOHL VORAN

Innovationen zielen sowohl auf die Befriedigung der Bedürfnisse von Verbraucher:innen/Unternehmen als auch der Gesellschaft. Ein Unternehmen wendet Dienstleistungen, Produkte, Wissen und seine Erfahrungen in Bezug auf Verbraucherwünsche an, um Neues zu schaffen oder Dinge zu verbessern, die sowohl dem Unternehmen als auch der Gesellschaft zugutekommen.

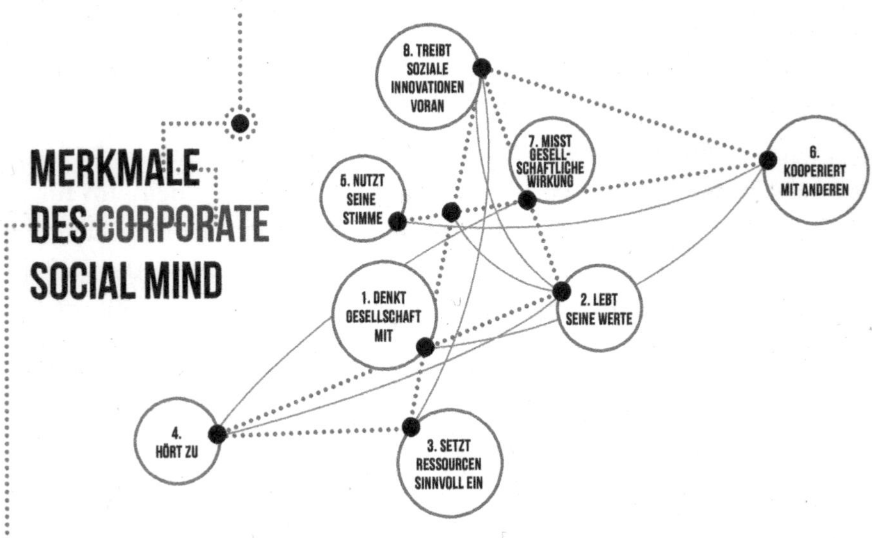

Unternehmen, die gesellschaftliches Engagement in ihre Geschäftsmodelle einbetten, erzielen häufig bessere Ergebnisse und höhere Gewinne.[12] Entscheidend dabei ist, dass alle genannten Merkmale zusammenwirken, indem sie in die Betriebs- und Entscheidungsstrukturen eines Unternehmens integriert werden. Die Geschäftsführung sollte jedoch nicht davon ausgehen, dass diese Charakteristika automatisch ineinandergreifen oder das Ganze ein Selbstläufer ist. Hierbei gilt, dass die genannten Eigenschaften und Haltungen natürlich auch innerhalb eines Unternehmens gelten sollten, was immer wieder in der Managementliteratur beschrieben wird.[13]

Unternehmen müssen zu ihren Werten in den Dialog mit Stakeholder:innen treten. Immer mehr Verbraucher:innen treffen mit ihrer Kaufentscheidung eine bewusste, auf Werten basierende Entscheidung. Sie sind einem Unternehmen gegenüber besonders treu (und werben dafür), wenn dessen Werte ihren eigenen entsprechen. Bei der Suche nach einem Arbeitsplatz oder der Entscheidung, in einem bestimmten Unternehmen zu bleiben, spielt das gesellschaftliche Engagement des (potenziellen) Arbeitgebers heute eine große Rolle.[14] Die Öffentlichkeit hat allgemein verstanden, dass wir keinen nachhaltigen sozialen Wandel erreichen können, wenn sich Unternehmen nicht einbringen.

Werfen wir also einen frischen Blick auf Ihr unternehmerisches Engagement für die Gesellschaft. Es wird Zeit, die Dinge neu zu denken!

KAPITEL 1

Merkmal 1:
Ein die gesellschaftliche Verantwortung wahrnehmendes Unternehmen denkt bei Entscheidungen das Gemeinwohl mit

In einem sozial denkenden Unternehmen stellt das Management sicher, dass der gesellschaftliche Nutzen bei allen Entscheidungen mitgedacht wird. Vor jeder Entscheidung wird diese Frage gestellt: Wie wirkt sich diese Entscheidung auf das Unternehmen, die Menschen, die Gesellschaft und die Umwelt aus?

Adam Smith, der als Vater des Kapitalismus gilt, erkannte, dass moralisches Handeln dem Menschen eigen ist. »Wie selbstsüchtig der Mensch auch immer eingeschätzt werden mag«, schrieb er, »so liegen doch offensichtlich bestimmte Grundveranlagungen in seiner Natur, die ihn am Schicksal anderer Anteil nehmen lassen«.[1] Smith würde sich sicher über die große Zahl von Unternehmenschef:innen freuen, die ihm zustimmen. Aber wie viele von ihnen setzen ihre sozialen Prinzipien wirklich in die Praxis um?

Ein kritischer Blick auf die eigenen Entscheidungsprozesse ist unabdingbar, um eine echte soziale Haltung im Unternehmen zu verankern.

FOKUS

Führungskräfte können in diesem Kapitel erfahren, wie gesellschaftliche Belange in Managementmethoden einfließen. Insbesondere werden folgende Fragen geklärt:

- Wie können gesellschaftliche Belange in die Entscheidungsfindung eines Teams einfließen und gefördert werden?
- Wie können wir bei Entscheidungen bezüglich der besten Strategie zur Erreichung von Unternehmenszielen dafür sorgen, dass andere verstehen, in welcher Weise die Gesellschaft mitgedacht wurde?
- Wie sieht ein wirksamer Entscheidungsfindungsprozess für ein sozial denkendes Unternehmen aus?

MERKMAL 1 IN DER PRAXIS

Jede Unternehmerin und jeder Unternehmer, jede Führungskraft muss schwierige Entscheidungen in Bezug auf Arbeitsabläufe, Belegschaft und Möglichkeiten zur Erreichung der wichtigsten Zielindikatoren (KPI) im Unternehmen treffen. Sich diesen Herausforderungen erfolgreich zu stellen, erweitert den eigenen Erfahrungshorizont, der nötig ist, um führen zu können und die Unterstützung von Mitarbeiter:innen, Partnern und Kundschaft zu gewinnen.

Mit Ihren Entscheidungen können Sie auch Wünsche und zukunftsgerichtete Anliegen der Menschen in Ihrem Umfeld unterstützen. Jede Entscheidung, die im Silo des Unternehmens ohne Rücksicht auf die Bedürfnisse der Gesellschaft getroffen wird, steht im Widerspruch zu der symbiotischen Beziehung, die Unternehmen zur Umwelt haben. Schließlich sind Unternehmen auf das Geld von Verbraucher:innen angewiesen, um die meisten ihrer eigenen KPIs zu erreichen.

Die Bedürfnisse der Gesellschaft mitzudenken, erfordert Einfühlungsvermögen, so die Autoren von *The Role of Social Cognition and Decision Making in The Royal Society*:

> »Um in einem sozialen Kontext eine erfolgreiche Entscheidung treffen zu können, muss man in der Lage sein, die Absichten, Gefühle und Überzeugungen anderer zu verstehen. Durch Spiegeln ist es möglich, die motorischen Handlungen und Handlungsabsichten anderer Menschen zu begreifen. ›Empathie‹ ermöglicht es uns, Gefühle und Empfindungen anderer zu verstehen und uns in sie hineinzuversetzen. Diese Mentalisierungsfähigkeit, auch bekannt als ›Theory of Mind‹, ermöglicht es uns, abstraktere Konzepte wie Einstellungen oder Wünsche anderer zu verstehen. Ein wichtiges Merkmal der Entscheidungsfindung in einem sozialen Umfeld ist das Zusammenspiel von Vernunft und Emotion.«[2]

Ich kann mich noch gut an eine Situation erinnern, die die Bedeutung dieser Art von tiefem Verständnis verdeutlicht. Meine Assistentin schrieb mir eine Nachricht, dass eine der führenden Marken des Landes angefragt habe, ob ich zu einem vertraulichen Gespräch an die Westküste der USA fliegen könne – und zwar so schnell wie möglich.

Zufälligerweise hatte ich ohnehin einen Termin in der Region, also sagte ich zu. Aber da ich öfter Unternehmen bei der Einbindung gesellschaftlicher Gruppen (allen voran die Generation Y) berate, wusste ich, dass mit großer Wahrscheinlichkeit irgendetwas schiefgelaufen war: Entweder war das Unternehmen in ein Fettnäpfchen getreten oder gesellschaftliche Akteure stellten einen Aspekt der Unternehmenspolitik an den Pranger oder zweifelten das Vorgehen des Unternehmens bei der Beschaffung, Herstellung oder Vermarktung eines Produkts an. Auf jeden Fall war man sich nicht sicher, wie das Unternehmen am besten reagieren sollte, um die Marke zu schützen.

Ich lag mit meiner zweiten Annahme richtig. Das Unternehmen hatte die ablehnende Reaktion der Öffentlichkeit auf eine Kampagne für ein neues Produkt unterschätzt. Folgendes war passiert: Das Unternehmen verkaufte ein Produkt, das damit beworben wurde, die Gesundheit von Männern zu fördern. Die Firma verpflichtete sich, für jedes verkaufte Produkt eine Spende an eine gemeinnützige Organisation zur Förderung von psychischer Gesundheit zu leisten, wohinter sich der verschleierte Versuch verbarg, den Absatz anzukurbeln. Junge Menschen waren skeptisch – und das zu Recht. Diese Art der Spende und öffentliches Anliegen standen im Widerspruch zueinander. Damit gespendet wurde, mussten Verbraucher:innen das Produkt kaufen. In den Augen der Kund:innen nutzte das Unternehmen ein Problem zum eigenen Vorteil aus.

Als ich im Rahmen meiner Beratertätigkeit gemeinsam mit der Chefetage erörterte, wo Fehler gemacht wurden und welche Folgen die Entscheidungsfindung ohne Einbeziehung der Begünstigten – in diesem Fall psychisch kranke Menschen – hatte, wurden dem Management zwei wichtige Dinge klar: Erstens ist es einfach, falsche Entscheidungen zu treffen, wenn eine kreative Idee, hier aus dem Marketing, losgelöst ist vom sozialen Kontext. Zweitens – und noch wichtiger – können Entscheidungen ohne Berücksichtigung öffentlicher und privater Interessen (wobei die Gesellschaft immer an erster Stelle stehen sollte) gute Absichten schnell zunichtemachen.

EINE KRITISCHE FRAGE FÜR JEDES TEAM

Sich den Auswirkungen der eigenen Entscheidungen auf die Gesellschaft bewusst zu sein, bedeutet, betroffene Menschen (Mitarbeiter:innen wie Verbraucher:innen) und Gemeinschaften an den Tisch zu holen. Bei der Entscheidungsfindung sollten Führungskräfte die Gesellschaft und den gesellschaftlichen Nutzen im Auge behalten und dabei folgende bereits bekannte Frage stellen:

> **Welche Auswirkungen hat die Entscheidung auf das Unternehmen, die Menschen, die Gesellschaft und die Umwelt?**

Entscheidungen haben Konsequenzen, die über die vorher festgelegten Ziele eines Unternehmens hinausgehen. Die obige Frage hilft dem Management, die Folgen von Handlungen zu erkennen, die aus rein wirtschaftlichen Erwägungen getroffen werden.

Im Entscheidungsprozess muss zunächst die obige Frage auf der Grundlage von Erkenntnissen und Daten beantwortet werden. Das heißt: Unternehmen müssen die Folgen ihrer Entscheidungen vollumfänglich verstehen. Dazu müssen mögliche (Aus-) Wirkungen bewertet werden. Darauf kommt es an, wenn ein Unternehmen wirklich eine soziale Haltung, das neue Corporate Social Mind, einnehmen will. Um zu gewährleisten, dass Entscheidungen gesellschaftlichen Fortschritt bei wichtigen Themen nicht ausbremsen, ist es wichtig, Verständnis für die Gesamtwirkung und Reichweite eines Unternehmens zu entwickeln. Für Unternehmen, die sich intern sozialer Verantwortung und gesellschaftlichem Engagement verschrieben haben, ist dies eine echte Chance, ihre Analyse- und Forschungsfähigkeiten zu verstärken, um ihre gesellschaftliche Wirkung zu beleuchten.

In Abteilungen, die sich traditionell mit Fragen der sozialen Verantwortung und Spendentätigkeit von Unternehmen beschäftigen, konzentriert man sich in der Regel eher auf neue Initiativen oder die Bewertung der Wirkung der Arbeit des Unternehmens anhand weltweit anerkannter Praktiken und Indikatoren. Das ist zwar ein Anfang, allerdings ein rückwärtsgewandter. Ein zukunftsorientierter Bewertungsansatz rückt die Frage nach den Auswirkungen auf die Gesellschaft bei der Entscheidungsfindung in Echtzeit in den Fokus. Zur guten Unternehmensplanung gehört es, Folgen der eigenen Entscheidungen auf die Gesellschaft im Hier und Jetzt zu verstehen und nicht mit Blick auf die Vergangenheit, nachdem Entscheidungen bereits Folgen gezeitigt haben und es zu spät ist, gegenzusteuern. Historisch gewachsene Verhaltensweisen und Abläufe in Unternehmen zu ändern, die sich eingespielt haben, ist oft ein schwieriges und mühsames Unterfangen, das in der Regel auf größten Widerstand stößt.

Um die Risiken für Belegschaft, Gemeinschaft und Gesellschaft zu verringern, müssen Führungskräfte in Unternehmen neue Entscheidungsfindungsabläufe im Rahmen innovativer Praktiken einführen, die schnellen, responsiven und iterativen Lern-, Gestaltungs-, Mess-, Verbesserungs- und Skalierungsmethoden entsprechen. Manchmal stellen sich solche Verfahren als Risikobewertung für Produkte, Dienstleistungen oder Waren dar, wie beispielsweise die EU-Verordnung REACH für Chemikalien aus dem Jahr 2006 diese festlegt. Allerdings geht der Ansatz über die typischen Prüfschritte am Ende des Produktdesigns hinaus.

Ein Beispiel für diesen Ansatz ist der Business to Society Report von Siemens, in dem das Unternehmen darlegt, wie sich seine Technologien auf das Leben der Menschen in den Vereinigten Staaten und anderen Ländern auswirken.[3]

Manager:innen mit einem Corporate Social Mind wenden in Entscheidungsprozessen eine neue Schrittfolge an.

GESELLSCHAFTLICH ORIENTIERTER ENTSCHEIDUNGSFINDUNGSPROZESS FÜR INNOVATIONEN

1. INNOVATIONSKONZEPT ERSTELLEN

Aus dem Wunsch heraus, ein Produkt oder eine Dienstleistung herzustellen oder zu verbessern, das beziehungsweise die das Konsumverhalten von Menschen beeinflusst, entwickeln Manager:innen ein neues Konzept zur Erforschung, Erprobung und Markteinführung.

2. GESELLSCHAFTLICHE AUSWIRKUNGEN BESTIMMEN

Nach der Entwicklung des Konzepts wird das neue Produkt oder die verbesserte Dienstleistung hinsichtlich möglicher Auswirkungen auf Mensch, Gesellschaft und Umwelt bewertet. Das Konzept wird überarbeitet, um die Indikatoren für gesellschaftliche Wirkungen zu verbessern.

3. PROTOTYP DER INNOVATION ERSTELLEN

Auf der Grundlage des überarbeiteten Konzepts zur Erhöhung der gesellschaftlichen Wirkung wird ein Prototyp des Produkts beziehungsweise der Dienstleistung für einen Markttest oder eine begrenzte Einführung in der Praxis entwickelt.

4. GESELLSCHAFTLICHE AUSWIRKUNGEN BEWERTEN

Während der Markteinführung beziehungsweise der Einführung in einem bestimmten Marktgebiet wird das Produkt oder die Dienstleistung parallel zur Rentabilitätsbewertung hinsichtlich seines beziehungsweise ihres Nutzens und möglicher Risiken für die Gesellschaft, Menschen und die Umwelt geprüft.

5. PROTOTYP VERBESSERN

Nach Abschluss des Feldtests wird das Produkt dann überarbeitet, um seine (Aus-)Wirkung auf beziehungsweise für einzelne Verbraucher:innen oder das Unternehmen zu verbessern. Das Management spricht offen über die Wirkung des Produkts auf den gewünschten Markt und die Gesellschaft, um zusätzliche Verbesserungspotenziale zu bestimmen, die die Wirkung auf Menschen, Gesellschaft und das Gemeinwesen ganzheitlich erhöhen.

6. GESELLSCHAFTLICHE WIRKUNG BEWERTEN

Ein neuer Prototyp wird erstellt und auf seine gesellschaftliche Wirkung hin überprüft. In einer abschließenden Analyse sollte ermittelt werden, ob er die gewünschte Wirkung auch in der Skalierung erzielen kann. Diese umfassende Analyse bedient sich verschiedener Methoden des Zuhörens, der Befragung, der Echtzeit-Datenerfassung und von Vorhersagemodelle. Das Bewertungsteam holt Stakeholder:innen ins Boot (verschiedene Zielgruppen innerhalb der Gesellschaft, die minimal bis maximal mit dem Produkt beziehungsweise der Dienstleistung in Berührung kommen), um den gesellschaftlichen Nutzen des Unternehmensvorgehens zu verstehen.

7. INNOVATION SKALIEREN

Sobald die Innovation auf breiterer Basis im Markt oder in einem gezielten Segment eingeführt wurde, ist es angesichts lokaler Unterschiede in Bezug auf Kultur, Umwelt, Religion und Konsumverhalten wichtig zu verstehen, wie einzelne Gemeinschaften und Teilöffentlichkeiten innerhalb neuer Märkte reagieren.

8. GESELLSCHAFTLICHE AUSWIRKUNGEN BEOBACHTEN

So wie ein Produkt konsequent nach leistungsbezogenen Kriterien bewertet wird, sollte es auch hinsichtlich seiner gesellschaftlichen Wirkung bewertet werden. Gesellschaftliche KPIs müssen entwickelt und konsequent gemessen werden, um die langfristigen Auswirkungen von Entscheidungen zu bestimmen. Unter

Umständen ist es nötig, diese Schleife mehrfach zu durchlaufen, um die Wirkung weiter zu verbessern.

Eine Unternehmenskultur, die von sozial-verantwortlichem Denken geprägt ist, zeichnet sich also unter anderem dadurch aus, dass bei Entscheidungen über den gesamten Produktentwicklungsprozess hinweg die Gesellschaft mitgedacht wird. Jede Bewertung, die ohne fortlaufende Berücksichtigung von Feedback erfolgt, gefährdet die Mission und die Werte des Unternehmens. Für Unternehmen, in denen gegenseitiger Respekt und Unterstützung zählen und der Fortschritt der Gesellschaft durch das eigene Engagement kein leeres Gerede ist, ist ein solcher Prozess nicht nur ideal, sondern notwendig.

WIE MICROSOFT UNTER BERÜCKSICHTIGUNG GESELLSCHAFTLICHER BEDÜRFNISSE ENTSCHEIDUNGEN TRIFFT

Microsoft bezieht beispielsweise bei der Entwicklung von neuen Geräten sozial-verantwortliche Überlegungen ein und setzt auf innovative Ansätze, um die gesellschaftlichen Auswirkungen über den gesamten Prozess hinweg zu messen und zu bewerten.

Die Devices Division, die in über 100 Ländern tätig ist, ist für Ideenfindung, Design, Entwicklung, Herstellung, Beschaffung, Compliance, Verpackung und Vertrieb der Geräte, wie zum Beispiel Laptops, und die dazugehörigen Softwareprodukte des Unternehmens zuständig. Im Rahmen dieses Prozesses werden Nachhaltigkeitsprogramme von Fachleuten aus vielen Fachbereichen gesteuert, die ihre sehr spezifische Sichtweise auf Produktentwicklung und gesellschaftliche (Aus-)Wirkung einbringen. Ihnen steht wiederum ein internes Sicherheits-, Compliance- und Nachhaltigkeitsteam zur Seite, dessen Aufgabe es ist, dafür zu sorgen, dass Produkte geltenden Vorschriften entsprechen und gleichzeitig die Unternehmenswerte widerspiegeln.

Das interne Team erstellt ein Programm zur Bewertung der Einhaltung von Vorschriften und der langfristigen Auswirkungen auf die Gesellschaft während des gesamten Innovationszyklus. Während ein Audit-Managementsystem darauf ausgelegt ist, Compliance- und Nachhaltigkeitsaspekte im Geschäft zu berücksichtigen, ermöglicht dieses zusätzliche Programm dem Team, kontinuierliche Verbesserungen in der Lieferkette vorzunehmen, um Einfluss auf gesellschaftliche Auswirkungen zu nehmen.

Microsoft erläutert seine sozial-verantwortliche Unternehmenshaltung im Nachhaltigkeitsbericht für 2018:

> »Wir setzen uns Ziele, um unsere Umweltleistung und Managementsysteme kontinuierlich zu verbessern. Wir schätzen Beiträge unserer Mitarbeiter:innen zu unseren Maßnahmen. Wir überprüfen regelmäßig Aspekte unserer Geschäftsaktivitäten und bewerten unsere Programme, Praktiken und Ziele, um unseren Fortschritt zu messen. Wir gehen proaktiv mit Umweltrisiken und -chancen um, um Bereiche zu identifizieren, in denen wir weitere Verbesserungen erzielen können. Wir arbeiten mit unseren Zulieferern zusammen, um sicherzustellen, dass sie sich in gleichem Maße für die kontinuierliche Verbesserung ihrer Umweltleistung einsetzen.«[4]

Microsoft ist sich auch der gesellschaftlichen Auswirkungen künftiger Innovationen bewusst. Durch Investitionen, konsequente Überprüfung und den Dialog mit Stakeholder:innen werden aufkommende globale Trends, vorgeschlagene Vorschriften und Richtlinien sowie die Erwartungen von Stakeholder:innen in den Bereichen Energie, Arbeitsrechte, Einhaltung von Umweltvorschriften, Gesundheit, Produktsicherheit und so weiter bewertet. Durch die Entwicklung eines eigenen Messsystems kann das Unternehmen eine Vielzahl von Datensätzen und Zusammenhängen nutzbar machen, um neue Erkenntnisse zu gewinnen, die sowohl zur Verbesserung der Produktentwicklung als auch der gesellschaftlichen Wirkung dienen. Zu diesen Datenquellen gehören unter anderem:

- Abonnements für Dienste zur Überwachung von Vorschriften,
- Schulungen und Konferenzen,
- Technische Laboratorien,
- Handels- und Fachzeitschriften und Newsletter,
- Gespräche mit Stakeholder:innen,
- Treffen mit anderen Fachleuten aus Staat und Industrie,
- Sachverständige oder
- Ressourcen von spezialisierten Agenturen.

Zusammenfassend lässt sich feststellen, dass Führungskräfte mit einem Corporate Social Mind bereit sein müssen, bei der Entwicklung von Produktinnovationen die Gesellschaft in den Mittelpunkt ihrer Überlegungen zu stellen und sie während des gesamten Prozesses mitzudenken. Unternehmen und Manager:innen, die sozialverantwortliche Entscheidungen treffen, haben die Gesellschaft und den gesellschaftlichen Nutzen immer und überall bewusst im Blick. Die Entscheidungen zu neuen Produkten und Dienstleistungen in Zusammenarbeit mit Expert:innen aus den betreffenden gesellschaftlichen Gruppen sind meist nachhaltiger. Sie entfalten eine größere Wirkung sowohl für Shareholder:innen als auch gesellschaftliche Stakeholder:innen. Denken Sie daran, sich vor jeder Entscheidung zu fragen, welche Auswirkungen diese auf das Unternehmen, die Menschen, die Gesellschaft und die Umwelt hat.

MERKMAL 1:
Design- und Innovationsfragen

Nutzen Sie die folgenden Fragen als Leitfaden, um zu überlegen, wie Ihr Unternehmen sich einer gesellschaftlichen Folgenabschätzung nähert:

- Wie binden wir Stakeholder:innen der Gesellschaft in die Design- und Entwicklungsphase unserer Produkte, Waren und Dienstleistungen ein?
- Wie integrieren wir Entscheidungsfindungsansätze, die es uns ermöglichen, wichtige Stakeholder:innen einzubinden, um neue Innovationen zu testen und zu verbessern?
- Wie können wir durch unsere Design- und Innovationsmethoden Folgen auf einzelne Verbrauchergruppen und die Gesellschaft als Ganzes abschätzen?

INTERVIEW

Rüdiger Fox,
Sympatex Technologies GmbH

»Heutzutage privatisieren wir den Gewinn und vergemeinschaftlichen die Kollateralschäden. Nachhaltigkeit muss radikal sein.«

RÜDIGER FOX, Geschäftsführer von Sympatex Technologies GmbH, berichtet, wie er gemeinsam mit seinem Team mutige Entscheidungen traf, um in einem Markt, in dem viele dies für unmöglich hielten, auf ökologische Nachhaltigkeit zu setzen. In diesem Fall setzte Rüdiger Fox sozial-verantwortliche Veränderungen um, obwohl sich das Unternehmen gerade »in einer finanziell kritischen Lage« befand. Das Interview zeigt, wie das Unternehmen zunächst seine Rolle im Ökosystem, in dem sein Produkt existiert, kritisch unter die Lupe nahm, um auf dieser Grundlage seine Bemühungen um soziale Belange zu gestalten.

Michael Alberg-Seberich: Was macht Sympatex?

Rüdiger Fox: Menschen, die sich viel im Freien aufhalten, brauchen Kleidung und Schuhe, die sie vor Feuchtigkeit schützen und die Körpertemperatur bei jedem Wetter optimal regulieren. Als ein führender Anbieter von nachhaltigen Funktionstextilien hat Sympatex eine spezielle Membran entwickelt, die zwischen laminierte Textilschichten eingefügt wird und zu 100 Prozent wasserdicht, winddicht und optimal atmungsaktiv ist. Das ist unser Kernprodukt.

MAS: Was ist Ihre Aufgabe bei Sympatex und welche Rolle spielen Sie bezüglich des sozialen und ökologischen Fußabdrucks des Unternehmens?

RF: Offiziell ist mein Titel Geschäftsführer. Ich weiß nicht genau, wie andere dies sehen, aber ich denke, eine meiner wichtigsten Aufgaben ist es, einen sicheren Raum für Mitarbeiter:innen zu schaffen, in dem sie nach Kräften zum Zweck des Unternehmens beitragen können. Einen Raum, in dem sie wachsen und die Nischen finden, in denen sie am besten einen Beitrag leisten können.

Meine andere wichtige Aufgabe sehe ich darin, die Rolle des Unternehmens im sozialen oder ökologischen Kontext zu verstehen und unseren Zweck in diesem Kräftefeld zu definieren.

MAS: Wie würden Sie den Purpose von Sympatex beschreiben?

RF: Als ich vor drei Jahren zu Sympatex kam, haben wir uns mit der ganzen Belegschaft zusammengesetzt und uns genau diese Frage gestellt. Das Unternehmen befand sich in einer finanziell kritischen Lage, was einem manchmal erlaubt, sich mit den wirklich grundlegenden Fragen auseinanderzusetzen. Ich wollte wissen: Was ist unsere Daseinsberechtigung, unser Purpose? Braucht die Welt uns? Und wenn die Welt uns braucht, wie können wir unsere Rolle so definieren, dass wir unsere Wirkung verstärken können?

Wir haben unser Kernprodukt definiert. Es gab uns damals schon über 30 Jahre und unser wichtigstes Produkt wies immer alle Merkmale eines geschlossenen, zirkulären Produktkreislaufes auf. Es stellte sich heraus, dass wir eigentlich schon seit 30 Jahren über das verfügten, was wir brauchten, um die Textilindustrie zu verändern und ökologisch erheblich Einfluss zu nehmen.

Und das wurde unser Purpose. Wir schoben alle finanziellen Bedenken beiseite und kamen überein, dass alle unsere Aktivitäten darauf ausgerichtet sein sollten, den Umbau der Funktionstextilindustrie zu einem geschlossenen ökologischen Kreislauf zu beschleunigen und sie konsequent nachhaltig zu gestalten.

MAS: Können Sie die sozialen Folgen des Unternehmens näher erläutern?

RF: Im Wesentlichen verursacht die Textilindustrie negative soziale und ökologische Folgen, wobei Sympatex' Hebel auf der Umweltseite am größten ist. Deshalb setzen wir hier den Schwerpunkt. Mit unserer Produktstrategie, mit allem, was wir tun, wollen wir aufzeigen, wie unsere Branche – eine der umweltschädlichsten der Welt – mit bereits verfügbarer Technologie zu einer der saubersten Industriezweige werden kann.

Extern liegt unser strategischer Fokus auf der Nachhaltigkeit. Intern ist uns die soziale Seite sehr wichtig. Wir sind ein zertifiziertes dem Gemeinwohl verpflichtetes Unternehmen (bekannt als B-Corp), damit man uns an diesen Kriterien messen kann. Wir versuchen darüber hinaus, ein Arbeitsumfeld zu schaffen, in dem Vertrauen eine wichtige Rolle spielt. Jede Mitarbeiterin und jeder Mitarbeiter kann frei entscheiden, wie viele Stunden in einer bestimmten Woche sie oder er arbeiten möchte. Während des Urlaubs dienstliche Anrufe zu tätigen und E-Mails zu schreiben, ist strengstens untersagt. Wenn die Straßen zu voll oder die Witterungsverhältnisse zu extrem sind, um nach draußen zu gehen, dann können unsere Mitarbeiter:innen jederzeit von zu Hause arbeiten. Wir passen die Organisation an die Bedürfnisse unserer Belegschaft an.

Zusammenfassend lässt sich sagen, dass wir eine hohe soziale Wirkung nach innen und eine hohe ökologische Wirkung nach außen haben. Wir wissen, dass in der Welt noch mehr getan werden muss, aber wir versuchen, unsere Energie dort einzusetzen, wo wir die meiste Wirkung erzielen können.

MAS: Wie ist die Nachhaltigkeitsarbeit mit der Innovationsfähigkeit des Unternehmens verknüpft?

RF: Das ist eine tolle Frage! In vielen Unternehmen, die sowohl Innovation als auch Nachhaltigkeit anstreben, hat jemand eine Idee, aber keine Möglichkeit, den Kreislauf zu schließen. Die Energie und der Enthusiasmus, den die Idee auslöst, verpuffen einfach.

Bei Sympatex kanalisieren wir innovative Ideen und Möglichkeiten in eine Richtung: Nachhaltigkeit, sodass jedes Teammitglied weiß, was wir erreichen wollen. Die Innovationsgeschwindigkeit, die wir schaffen, ist enorm, besonders für ein Unternehmen unserer Größe. Weil alle an einem Strang ziehen, ist die Nachhaltigkeitsstrategie für uns zu einem der Kernelemente für Innovation geworden.

»Ich bin ein echter Verfechter von Nachhaltigkeit, weil ich überzeugt bin, dass es einfacher ist zu begreifen, dass wir nicht immer so weitermachen können, wenn wir die Folgen unseres Handelns und unseren Ressourcenverbrauch mit eigenen Augen sehen.«

MAS: Können Sie sich an bestimmte Momente bei Sympatex erinnern, in denen klar wurde, dass konsequente Nachhaltigkeit wirklich die treibende Kraft im Unternehmen sein muss?

RF: Der eine besondere Augenblick waren die 24 Stunden, in denen ich darüber nachdenken durfte, ob ich die Stelle annehmen sollte oder nicht. Ich bin ein echter Verfechter von Nachhaltigkeit, weil ich überzeugt bin, dass es einfacher ist zu begreifen, dass wir nicht immer so weiter machen können, wenn wir die Folgen unseres Handelns und unseren Ressourcenverbrauch mit eigenen Augen sehen. Wir stoßen an Grenzen, das ist keine Frage. Und wenn man an Grenzen stößt, muss man neue Wege gehen.

Der erste Moment war also, als ich begriff, dass ich ein Unternehmen vor mir hatte, das ein tolles Produkt, aber noch keinen relevanten Marktanteil erreicht hatte und die lausigste Nachhaltigkeitsbilanz aufwies, die man sich vorstellen kann. In diesem Augenblick ist mir klar geworden, dass der Markt definitiv da und unser Verbesserungspotenzial riesig war. Ich konnte mir keine besseren Bedingungen vorstellen, um meine Theorie zu testen, dass Nachhaltigkeit der nächste »Blaue Ozean«, das heißt ein sehr offener Markt, ist.

Der nächste Moment war vor ein paar Wochen, also drei Jahre später. Wir hatten eine offene interne Diskussion, in der ich meine oberste Führungsriege einzeln befragte, worin für sie der Purpose des Unternehmens liegt. Neun von zehn meinten: Gewinn – mithilfe von Nachhaltigkeit. Nur eine Person sagte, dass wir die Welt verbessern wollen und dabei hoffentlich auch wirtschaftlich etwas herausspringt. Er war der Einzige, der es verstanden hat. Mir wurde klar, dass alte Denkmodelle noch lange in den Köpfen herumschwirren, auch wenn man Nachhaltigkeit in den Kern des Unternehmens integrieren will und die Belegschaft das schon drei Jahre lang umsetzt.

Ich hoffe deshalb, dass in ein oder zwei Jahren der dritte Moment kommt, wenn es wirklich jeder begriffen hat: Uns geht es um bedingungslose Nachhaltigkeit, die gern auch etwas Gewinn abwerfen darf.

MAS: Kombinieren Sie Ihre Umweltarbeit mit sozialem Wirken?

RF: Sehr selten und nur zufällig. Schaut man sich die systemische Wirkung an, so gibt es zwar Zusammenhänge, aber diese bedingen sich nicht notwendigerweise. Ich versuche, die Dinge so einfach wie möglich zu gestalten. Wir erstellen jedes Jahr ein kleines Kinderbuch, das wir zusammen mit Kinderschuhen verschenken und in dem wir unsere Geschichte in einfachen Worten erklären. Wir nehmen uns jeweils ein Thema vor – Klimawandel und globale Erwärmung, Chemie oder Plastik.

MAS: Wie würden Sie die Wirkung beschreiben, die die Arbeit für ökologische Nachhaltigkeit auf Ihre Belegschaft hat? Sehen Sie Unterschiede zu anderen Unternehmen, für die Sie gearbeitet haben?

RF: Meiner Ansicht nach besteht der Hauptunterschied darin, dass CSR (Corporate Social Responsibility) ganz oben auf unserer Agenda steht, was eine radikale Veränderung gegenüber Unternehmen darstellt, für die dies nur ein weiterer Punkt auf der Tagesordnung ist. Die jährlichen Finanzergebnisse sind Teil des Gesamtergebnisses, wobei Nachhaltigkeit das oberste Ziel ist.

Diesem »schrägen« Ansatz wurde mit viel Skepsis begegnet. Während des wirtschaftlichen Aufschwungs, den das Unternehmen in den letzten drei Jahren erlebte, wurde daraus allmählich Neugierde, die sich jetzt langsam in Vertrauen zu wandeln beginnt. Ganz so weit ist es noch nicht, denn die Welt, in der wir leben, glaubt, dass die Wirtschaft von Zahlen bestimmt wird.

MAS: Wie sollten Unternehmen die Themen Nachhaltigkeit und gesellschaftliche Wirkung angehen?

RF: Meiner Meinung nach stützt sich die Weltwirtschaft insbesondere in den Industrieländern auf den Effizienzgrundsatz: Mehr Effizienz ist besser. Dahinter steckt die Vorstellung kontinuierlichen Fortschritts. Wir müssen jedoch erkennen, dass uns die Ressourcen der Welt nicht endlos zur Verfügung stehen.

Nachhaltigkeit und soziale Beziehungen, das heißt Beziehungen zwischen Menschen, wirken in zweierlei Weise. Einerseits stoßen wir an die Grenzen des bisherigen Wirtschaftsmodells. Andererseits werden Fragen der Nachhaltigkeit und die Notwendigkeit sozialer Verbesserungen, von Gerechtigkeit und so weiter so dringend, dass sich die Bedingungen des Wirtschaftssystems über Nacht ändern werden.

»Am Ende wird es keine Gewinner geben. Wir werden uns nur gegenseitig auslöschen.«

Wenn wir zum Beispiel anerkennen, dass die globale Erwärmung real ist, werden über Nacht CO_2-Steuern eingeführt. Wenn Unternehmen darauf nicht vorbereitet sind, werden sie scheitern. Wenn Unternehmen jedoch ihre Hausaufgaben gemacht haben – das sind bisher nur wenige –, wird sich vor ihnen der sogenannte Blaue Ozean auftun. Der »Rote Ozean« verkörpert das Wirtschaftsmodell, dem wir bis jetzt gefolgt sind. Am Ende wird es keine Gewinner geben. Wir werden uns nur gegenseitig auslöschen. Nachhaltigkeit ist wohlgemerkt eine positive Möglichkeit der Differenzierung, der künftigen Effizienz. Derzeit privatisieren wir Gewinne und vergemeinschaftlichen die Kollateralschäden. Sobald diese Gesellschaft begreift, dass der Preis zu hoch ist und wir an eine Schwelle gelangt sind, werden Gesellschaft und Staat die Verantwortung wieder auf die Unternehmen abwälzen.

Wenn man Nachhaltigkeit und soziale Wirkung als Geschäftsmöglichkeit und nicht als Zwang begreift, schafft man ein völlig neues Geschäftsmodell. Nachhaltigkeit muss radikal sein. Nachhaltigkeit ist kein i-Tüpfelchen, sondern der Kern aller Wirtschaftstätigkeit.

MAS: Was würden Sie jemandem raten, der eine neue Nachhaltigkeitsinitiative für das eigene Unternehmen entwickeln will?

RF: Drei Dinge. Erstens: Machen Sie sich klar, dass Sie am Anfang allein dastehen werden. Man braucht ziemlich breite Schultern, denn wenn man nicht den Mut hat, alles zu riskieren, um für die eigenen Überzeugung einzustehen, sollte man es besser gleich lassen.

Zweitens: Wenn Sie bereit sind, das Risiko einzugehen, dann mit aller Radikalität – nicht als Antithese zum aktuellen Wirtschaftsmodell, sondern als nächsten Verbesserungsschritt. Wir haben in der Vergangenheit den Fehler gemacht, Nachhaltigkeit als die Notwendigkeit zur Einschränkung zu beschreiben, und diese Wortwahl hat bei Unternehmen den Eindruck erweckt, dass Nachhaltigkeit sie ausbremse. Das ist unnötig. In der Wirtschaft geht es hauptsächlich um Optimierung, nicht unbedingt ums Ergebnis. Die Nachhaltigkeit rückt das Ergebnis in ein kritisches Licht. Mit einem soliden Optimierungsprozess, der den Nachhaltigkeitsgedanken einschließt, kann man das Ergebnis beeinflussen.

Drittens: Wenn sich ein Unternehmen dafür entscheidet, dann mit aller Konsequenz. Als Kompromiss oder hübsches Schleifchen funktioniert es nicht.

MAS: Gab es Managementprinzipien oder -instrumente, die Ihnen geholfen haben, sich auf diese Themen zu konzentrieren?

RF: Die Motivation der Mitarbeiter:innen, insbesondere ihre intrinsische Motivation, hat meine Neugier und meinen persönlichen Lernprozess beflügelt. In der Wirtschaft herrscht der Glaube, das Gehalt sei die treibende Kraft.

Wir müssen uns jedoch klarmachen, dass Furcht und Angst entstehen, wenn eine von zehn Bedingungen nicht erfüllt ist und Menschen sich auf genau die nicht erfüllte Bedingung konzentrieren und nicht auf die neun, die man vielleicht erfüllt hat. Intrinsische Motivation hilft uns, Menschen besser zu verstehen – und die Menschen im Unternehmen nicht als eine Nummer, sondern als eine Gruppe kreativer Individuen zu sehen.

MAS: Wenn Sie alles auf eine einfache Formel bringen müssten, was wäre dann Ihr wichtigstes Argument für Nachhaltigkeitsengagement?

RF: Wer jetzt seine Hausaufgaben nicht macht, wird morgen nicht mehr gebraucht. In nur wenigen Jahren werden Unternehmen aufgrund von Umweltfragen unter erheblichem Druck stehen. Wer vorbereitet ist, wird dabeibleiben und überleben. Wer zu lange wartet, wird untergehen.

KAPITEL 2

Merkmal 2:
Ein die gesellschaftliche Verantwortung wahrnehmendes Unternehmen lebt seine Werte

Die Werte eines Unternehmens verpflichten Mitarbeitende, sich für die Gemeinschaft und eine bessere Welt einzusetzen. In einem Unternehmen mit sozialem Bewusstsein betrachten Mitarbeiter:innen auf allen Ebenen das Gemeinwohl als einen wesentlichen Aspekt der Existenzberechtigung ihres Arbeitgebers und setzen solche Wertvorstellungen in ihrer täglichen Arbeit um.

Der soziale Gedanke ist dabei nicht nur auf ein externes Publikum ausgerichtet. Vielmehr spielt eine Belegschaft, die vom gesellschaftlichen Engagement des Unternehmens überzeugt ist, eine entscheidende Rolle für dessen Authentizität und Erfolg. Engagierte Mitarbeiter:innen stellen die wirklich wichtigen Fragen, legen auch mal eine extra Schippe drauf und stellen die Fürsprecher dar, die ein Unternehmen braucht, um echten sozialen Wandel herbeizuführen.

Darüber hinaus merkt das Personal in der Regel zuallererst, wenn die Führungsriege sich nicht an Versprechen hält, und stellt sie zur Rede.

FOKUS

In diesem Kapitel konzentrieren wir uns darauf, wie ein Unternehmen seine Werte und damit verbundene Überzeugungen einsetzt, um die Öffentlichkeit und Partner in Programme für soziales und gesellschaftliches Engagement einzubinden. Dabei stehen folgende Fragen im Vordergrund:

- Haben wir interne und/oder externe Werte festgelegt?
- Unterstützen unsere Werte die Gesellschaft?
- Wie setzen wir unsere Werte in der Produktentwicklung und Innovation um?

MERKMAL 2 IN DER PRAXIS

Über Unternehmenswerte und Unternehmenskultur ist viel geschrieben worden. Traditionell drücken werteorientierte Aussagen zu Vision und Mission die Haltung eines Unternehmens zu seiner Arbeitsweise aus. Sie definieren, wie Einzelpersonen und Teams einer Organisation sowohl intern als auch extern arbeiten. Bei diesen Überzeugungen handelt es sich in der Regel um unternehmensorientierte, nicht um gesellschaftliche Werte.

Bei der kritischen Betrachtung der eigenen Unternehmenswerte gilt es zunächst festzustellen, ob das Unternehmen für sich passende *gesellschaftsorientierte* beziehungsweise *soziale* Unternehmenswerte festgeschrieben hat, die die Menschen, Orte und Themen widerspiegeln, auf die das Unternehmen Einfluss hat.

Kein Unternehmen kann sich sozialen Werten verpflichten, wenn unklar ist, welche Haltung es gegenüber den betroffenen Menschen und der Gesellschaft einnimmt. Wenn hinter den von Ihnen identifizierten sozialen Themen wie Umweltschutz, Bildung oder Kultur keine Wertvorstellungen stehen, die im Unternehmen und seinem Umfeld akzeptiert sind und gelebt werden, wird es Ihnen nicht gelingen, einen wirksamen gesellschaftlichen

Beitrag zu leisten. Sie werden sich nicht für entsprechende Maßnahmen einsetzen können oder Initiativen zur Unterstützung von beispielsweise zivilgesellschaftlichen Organisationen umsetzen können, für die sich Ihre Mitarbeiter:innen engagieren.

Jedes Unternehmen, das sich für positiven sozialen Wandel engagiert, steht für etwas. Etwas, womit sich gleich gesinnte Mitarbeiter:innen, Lieferanten und Partner im Rahmen ihrer Geschäftstätigkeit identifizieren.

Beginnen Sie bei der Ausarbeitung eines Leitsatzes mit: »Wir sind (davon) überzeugt, dass …« und formulieren Sie dann klar und deutlich, wofür Ihr Unternehmen steht. Zum Beispiel:

> »Wir sind davon überzeugt, dass Menschen, denen es an bestimmten Fähigkeiten und Kenntnissen mangelt, erfolgreich sein können, wenn sie Unterstützung von Menschen erhalten, die erfolgreich und bereit sind, ihre eigene Zeit und Ressourcen einzusetzen, um anderen zu helfen, ebenso erfolgreich zu sein.«

Oder:

> »Wir sind davon überzeugt, dass einkommensschwache Stadtteile enorme ungenutzte Potenziale bergen. Wir setzen uns täglich dafür ein, Verbraucher:innen, die unsere Auffassung teilen, mit Menschen zusammenzubringen, die bisher ihre Chancen in Familie, Bildung oder Beruf nicht erfolgreich wahrnehmen konnten.«

Oder:

> »Wir schätzen die Fähigkeiten und Talente aller Menschen. Wir helfen unseren Mitarbeiter:innen, das Leben von Menschen spürbar zu verbessern, die sonst vielleicht nicht die Chance hätten, der Welt zu zeigen, was in ihnen steckt.«

Es geht darum, sprachlich beide Seiten in den Fokus zu rücken.

Ihr Unternehmen ist das Bindeglied zwischen Verbraucher:innen, engagierten Bürger:innen und Aktivist:innen, die sich leidenschaftlich für dieselben Überzeugungen, Anliegen oder Probleme engagieren wie Sie. Menschen –Verbraucher:innen wie Mitarbeiter:innen – wollen wissen, wofür Sie stehen, warum Sie tun, was Sie tun, und wen Sie fördern wollen. Seien Sie stolz auf Ihre Arbeit und den positiven Wandel, zu dem Sie und Ihre Mitarbeitenden, Partner und Lieferanten beitragen.

Die sozialen Werte Ihres Unternehmens sollten mehrere Eigenschaften berücksichtigen: Sichtbarkeit, Anwendung, gesellschaftlicher Nutzen und Authentizität.

Sichtbarkeit

Die sozialen Werte des Unternehmens müssen sich im internen und externen Handeln des Unternehmens manifestieren. Das bedeutet, dass die Mitarbeiter:innen Ihres Unternehmens im Rahmen ihrer Arbeit soziale Werte leben und diskutieren, sich auf diese berufen und sie reflektieren, um sicherzustellen, dass die Gesellschaft bei allen Entscheidungen mitgedacht wird.

Anwendung

Ein Unternehmen muss seine sozialen Wertvorstellungen im normalen Tagesgeschäft täglich leben und anwenden. Das bedeutet, dass in allen Bereichen der Geschäftstätigkeit – von der Produktentwicklung über die Lieferkettenanalyse und das Marketing bis hin zum Vertrieb, bei Kampagnen und im Kundendienst – auf die sozialen Werte des Unternehmens Bezug genommen wird.

Gesellschaftlicher Nutzen

Die sozialen Werte eines Unternehmens müssen der Gesellschaft nutzen. Sie dürfen gesellschaftlichen Interessen nicht schaden und müssen von allen Mitarbeitenden verstanden und tagtäglich gelebt werden. In einem sozial denkenden Unternehmen schließen sich die Arbeitsweise des Unternehmens, der Führungsstil des Managements und das Engagement für eine bessere Welt nicht gegenseitig aus.

Authentizität

Ein Unternehmen kann sich nicht auf seine sozialen Werte berufen, um sie dann aus persönlicher Macht- oder Profitgier in der Schublade verschwinden zu lassen. Dies gilt vor allem, wenn es darauf ankommt, kritische Entscheidungen zu treffen, die sich auf das Unternehmen, die Gesellschaft oder die Umwelt auswirken. Solch scheinheiliges Verhalten bleibt in der Regel nicht unbemerkt. Häufig reagiert die Öffentlichkeit sehr empfindlich, denn insbesondere jüngere Generationen und Verbraucher:innen, die Authentizität von Unternehmen fordern, erwarten, dass Ihre Werte und Überzeugungen nicht nur Lippenbekenntnisse sind. Schließlich kann ein Unternehmen nicht mit schönen Worten für Themen, Menschen und Gemeinschaften werben, diesen in der Praxis aber keine Taten folgen lassen und dann erwarten, ungestraft davonzukommen.

Salesforce, Whole Foods Market und American Express sind Beispiele für Unternehmen, die soziale Wertvorstellungen mit Unternehmenswerten verzahnt haben.

SALESFORCE

Salesforce ist ein Software-Unternehmen, das eine CRM-Lösung für das Management von Kundenbeziehung anbietet, sodass alle Abteilungen eines Unternehmens Zugriff auf dieselben Kundendaten haben. Die Firma hat salesforce.org als soziales Unternehmen gegründet, um Gewinne in die Gesellschaft zu reinvestieren. Darüber hinaus hat Salesforce eine Reihe von Programmen für die Ausbildung von Jugendlichen und die Weiterbildung von Arbeitskräften entwickelt.

Die Grundwerte des Unternehmens lauten:

- Vertrauen,
- Kundenerfolg,
- Wachstum,
- Innovation,
- Zurückgeben,
- Gleichheit für alle,
- Wohlbefinden,
- Transparenz und
- Spaß.[1]

Marc Benioff, Geschäftsführer und Vorsitzender von Salesforce, bringt es auf den Punkt, wenn er sagt: »Sie haben die Chance, Unternehmen zu gründen, die Gutes tun. Das ist einfach. In Ihrem Unternehmen steckt eine unglaubliche Energie, die Sie freisetzen können, um sich für das Gemeinwohl einzusetzen. Tun Sie dies nicht, verpufft eine einmalige Chance.«[2] In einer historisch vielleicht einmaligen Zeit, in der ein öffentliches Interesse daran besteht, dass Unternehmen sich gesellschaftlich engagieren, und Verbraucher:innen dies einfordern, haben Führungskräfte mehr denn je die Möglichkeit, den sozialen Gedanken im Unternehmen zu verankern.

WHOLE FOODS MARKET

Whole Foods bezeichnet sich selbst als Amerikas gesündester Supermarkt. Das Unternehmen, das seit 2017 zu Amazon gehört, betont, dass seine Grundwerte nicht situativ sind, sondern das Fundament der Unternehmenskultur bilden.

Die Grundwerte des Unternehmens lauten:

- **Wir befriedigen die Wünsche unserer Kund:innen und begeistern sie** – Unsere Kund:innen sind die Lebensader unseres Unternehmens und unsere wichtigsten Stakeholder:innen. Wir streben danach, ihre Erwartungen bei jedem Einkauf zu erfüllen oder sogar zu übertreffen.

- **Wir fördern die persönliche Entwicklung und Zufriedenheit unserer Teammitglieder** – Unser Erfolg hängt von der gemeinsamen Energie, Intelligenz und somit den Beiträgen aller Teammitglieder ab.

- **Wir kümmern uns um die Menschen in unserem Umfeld und die Umwelt** – Wir arbeiten lokal. Der einzigartige Charakter jedes Geschäfts spiegelt die Menschen, Kultur und Küche eines Ortes wider.

- **Wir pflegen Win-win-Partnerschaften mit unseren Zulieferern** – Wir betrachten unsere Handelspartner als Verbündete im Dienste unserer Stakeholder:innen. Wir behandeln sie mit Respekt, Fairness und Integrität und erwarten im Gegenzug das Gleiche von ihnen.[3]

Auf der Grundlage der Beziehungen, die wir im Rahmen unserer Geschäftstätigkeit zu Menschen pflegen, ist es möglich, bessere Ergebnisse für alle zu erzielen. Ein umfassender Blick auf die Rolle, Entscheidungen und Beziehungen eines Unternehmens stellt sicher, dass soziale Werte in alle Aspekte des Geschäftsbetriebs sowie die Dienstleistung beziehungsweise das Produkt fließen.

AMERICAN EXPRESS

Der Finanzdienstleister American Express ist davon überzeugt, dass Menschen und Unternehmen starke gesellschaftliche Rahmenbedingungen benötigen, um erfolgreich sein zu können.

Die Grundwerte des Unternehmens lauten:

- **Engagement für Kunden** – Wir bauen Beziehungen auf, die das Leben unserer Kund:innen positiv beeinflussen.
- **Qualität** – Wir bieten herausragende Produkte und Dienstleistungen, die unseren Kund:innen in ihrer Gesamtheit einen erstklassigen Wert bieten.
- **Integrität** – Wir messen unser Handeln an den höchsten Integritätsstandards.
- **Teamwork** – Wir arbeiten über Grenzen hinweg zusammen, um die Bedürfnisse unserer Kund:innen zu erfüllen und unserem Unternehmen zum Erfolg zu verhelfen.
- **Respekt für Menschen** – Wir schätzen unsere Mitarbeitenden, fördern ihre Entwicklung und honorieren ihre Leistung.
- **Good Citizenship** – Wir sind vorbildliche Bürger:innen an den Orten, an denen wir leben und arbeiten.
- **Erfolgsorientiert** – Wir sind hoch motiviert, am Markt und in jedem Aspekt unseres Geschäfts erfolgreich zu sein.
- **Persönliche Rechenschaftspflicht** – Wir übernehmen persönlich Verantwortung dafür, unseren Verpflichtungen nachzukommen.

Durch die Schaffung von Nutzen, wobei neben geschäftlichen Aspekten gemeinschaftliche und soziale Belange zählen, übernimmt das Unternehmen eine Führungsrolle und präsentiert seine sozialen Werte offen und authentisch.[4]

VERKNÜPFUNG VON SOZIALEN UNTERNEHMENSWERTEN MIT GESELLSCHAFTLICHEM ENGAGEMENT

Um für Ihre sozialen Unternehmenswerte einzustehen und sie zu leben, müssen Sie Ihren Kund:innen und der breiten Öffentlichkeit verständlich machen, wie Sie diese konsequent umsetzen.

Als US-Präsident Donald Trump 2017 ein Einreiseverbot für syrische Flüchtlinge verhängte, schrieb der Geschäftsführer von Levi Strauss, Chip Bergh, einen Brief an seine Belegschaft, aus dem wir im Folgenden auszugsweise zitieren:

> »Unser Land hat in großem Maße von Menschen profitiert, die in die USA gekommen sind, um sich und ihren Familien ein besseres Leben zu ermöglichen. Ohne Einwanderung wäre Amerika heute nicht das Land, das es ist. Ohne Levi Strauss, der selbst als Einwanderer nach Amerika kam, wären wir nicht das Unternehmen, das wir heute sind. Er vermittelte uns, was es heißt, Recht zu tun. Die Werte unseres Unternehmens – Empathie, Originalität, Integrität und Mut – tragen heute vielleicht noch mehr Bedeutung als vor 163 Jahren.
>
> Gestützt auf diese Werte haben wir uns nie vor Vielfalt und Integration gefürchtet oder davor, mit unserer Stimme dafür einzutreten. Wir haben in unseren Fabriken die Rassentrennung bereits zehn Jahre früher abgeschafft, als dies gesetzlich vorgeschrieben wurde. Wir waren eines der ersten Unternehmen, das seinen Mitarbeiter:innen eine Krankenversicherung anbot, lange bevor andere auf diesen Zug aufsprangen. Wir haben uns für Integration und Vielfalt starkgemacht und jedem die Möglichkeit gegeben, sein volles Potenzial bei LS&Co. auszuschöpfen, unabhängig von Rasse,

Geschlecht, sexueller Orientierung, Nationalität oder religiöser Präferenz. Tief im Inneren wissen wir, dass Vielfalt aller Art gut für das Geschäft und eine bunte Organisation leistungsfähiger ist als ein homogenes Unternehmen.

Was das Einwanderungsdekret betrifft, so dienen unsere Werte uns als Richtschnur. Jede politische Maßnahme, die darauf abzielt, Einwanderung aufgrund von Rasse, Nationalität oder Religion einzuschränken oder zu begrenzen, steht im Widerspruch zu dem, wofür wir als Unternehmen stehen. Unser Erfolg gründet auf unserer Fähigkeit, die besten Talente mit unterschiedlichem Hintergrund anzuziehen und zu halten, Vielfalt zu schätzen, Menschen zu integrieren und von unterschiedlichen Perspektiven zu profitieren. Wenn wir den Zustrom von Talenten beschneiden, wird sich das mit der Zeit auf die Wettbewerbsfähigkeit unseres Landes und der in den USA ansässigen Unternehmen auswirken.

Wir werden nicht tatenlos zusehen. Da unsere Mitarbeiter:innen für uns an oberster Stelle stehen, wenden wir uns an alle, die direkt von den Maßnahmen betroffen sind. Wir werden unseren Kolleg:innen sowie ihren Familien zur Seite stehen und bieten jedem Mitarbeitenden oder Familienmitglied, das direkt von dem Verbot betroffen ist, unsere Unterstützung an.

Wenn wir auf die Geschichte dieses Unternehmens zurückblicken, haben wir uns nie davor gescheut, zu wichtigen Themen unserer Zeit Stellung zu beziehen. In meinen Augen ist dies einer dieser Momente. Wenn wir unseren Werten treu bleiben und diejenigen unterstützen, die sich für Gleichberechtigung und Gerechtigkeit einsetzen, und gleichzeitig mit politischen Entscheidungsträgern zusammenarbeiten, um sicherzustellen, dass unsere Stimme gehört wird, bin ich zuversichtlich, dass unser Unternehmen und unsere Gesellschaft dadurch gestärkt werden.«

Diese Worte inspirierten die Mitarbeiter:innen und Partner von Levi's und stärkten das Engagement des Unternehmens für die von ihm unterstützten Anliegen. Das Unternehmen richtete einen mit einer Million Dollar dotierten Rapid Response Fund ein, um schnell gefährdete Einwanderer:innen, Flüchtlinge, die Transgender-Gemeinde sowie ethnische und religiöse Minderheiten zu unterstützen, die von den politischen Ereignissen betroffen sind. Die Levi Strauss Foundation wurde bekannt durch ihr 65-jähriges Engagement für die Förderung der Menschenrechte und das Wohlergehen benachteiligter Menschen an Orten, an denen Levi Strauss & Co einen Standort unterhält.

Zu jenem Zeitpunkt leiteten die sozialen Unternehmenswerte von Levi Strauss die Entscheidungen des Unternehmens und bildeten die Grundlage für sein Vorgehen. Indem das Unternehmen seine Werte und Überzeugungen mit seinen Entscheidungen verknüpfte und der Öffentlichkeit half zu verstehen, warum bestimmte Entscheidungen und Maßnahmen getroffen werden, stärkte es seine Rolle als gesellschaftlich engagiertes Unternehmen. Wer mit einem Corporate Social Mind sozial-verantwortlich agiert, stellt sicher, dass Entscheidungen und Handlungen – ob im Hinblick auf gewährte Fördermittel, Initiativen, öffentliche Erklärungen zu politischen Maßnahmen oder den täglichen Umgang mit Konsument:innen – auf die sozialen Werte des Unternehmens ausgerichtet und mit diesen verzahnt sind.

INTEGRATION SOZIALER WERTE IN DIE GESAMTE LIEFERKETTE EINES UNTERNEHMENS

Laura Spence und Michael Bourlakis schreiben in ihrem 2009 veröffentlichten Artikel »Moving from Corporate Social Responsibility to Supply Chain Responsibility«, dass jeder Akteur in einer Lieferkette, unabhängig von seiner Position, eine »Lieferkettenverantwortung« für die Integration und Förderung sozialer Verantwortung trage. Dieser Gedanke führt das Lieferkettenmanagement weit über seine typischen wirtschaftlichen, betrieblichen und rechtlichen Aspekte und Zusammenhänge hinaus. Um Lieferketten mit einem Corporate Social Mind gesellschaftlich-verantwortlich zu gestalten, muss jedes Glied der Kette analysiert und konsequent unter die Lupe genommen werden. Nur so lässt sich gewährleisten, dass ein tragfähiges soziales Wertesystem zur Anwendung kommt, von dem die Gesellschaft bei jedem Schritt profitiert.

Spence und Bourlakis haben vier Bedingungen für die erfolgreiche Integration sozialer Verantwortung in Lieferketten bestimmt:

- kettenweites Engagement zur Erzielung sozialer (und ökologischer) Vorteile,
- Berechtigung und Teilhabe aller Glieder der Kette,
- echte Partnerschaften sowie
- Anerkennung unterschiedlicher ethischer Grundsätze durch verschiedene Organisationsformen innerhalb der Lieferkette.

Der Schlüssel zum Erfolg einer solchen Lieferkette sind Manager:innen, die sozial denken und so sicherstellen, dass alle Beteiligten (mit der Unterstützung von engagierten Führungskräften und Mitarbeiter:innen) ein gemeinsames Ziel verfolgen, um die Versprechen einzulösen, die den sozialen Unternehmenswerten innewohnen. Diese Überlegungen spiegeln sich in zahlreichen Gesetzesinitiativen dieser Welt wider, wie der Diskussion um das deutsche und das EU-Lieferkettengesetz und die sogenannte EU-Taxonomie.

Vor einiger Zeit wurde ich eingeladen, ein Unternehmen zu besuchen, das in den Augen vieler Menschen ein Musterbeispiel für soziales Engagements ist. Nach allem, was ich gehört hatte, ging ich davon aus, dass der Besuch in der Unternehmenszentrale etwas Surreales haben würde. Schließlich waren vorbildliches soziales Engagement, das konsequente Eintreten für unterrepräsentierte Bevölkerungsgruppen und die Einforderung der öffentlichen Rechenschaftspflicht des Staates bei (potenziellen) Eingriffen in die Rechte der Menschen hier die Norm.

Bei der Auseinandersetzung mit der Unternehmenskultur faszinierte mich am meisten, wie klar sich das öffentliche Engagement für soziale Themen im gesamten Unternehmen in Produkten, Vertriebsteams und Marketingabteilungen manifestierte. Beim Gang durch die Büros sprangen mir die an den Wänden stehenden Unternehmenswerte ins Auge – nicht nur schöne Worte auf Postern, sondern Werte, die mit konkreten Beispielen aus der Geschichte des Unternehmens belegt wurden. Bilder und Fotos, Wörter, Zeitungsausschnitte und Beschreibungen von Mitarbeiter:innen, die berichteten, wie das Unternehmen seine Plattform genutzt hatte, um ein soziales Problem zu lösen (und wie sie sich dabei fühlten), vermittelten die Unternehmenswerte auf sehr anschauliche Weise.

Die Ausrichtung des Unternehmens auf seine Werte und deren Umsetzung waren unübersehbar: von der Mitarbeiterin, die in der Warteschlange in der Kantine einer Kollegin ihre Buttons und Anstecknadeln mit den Werten zeigt, die ihr am Herzen liegen, bis hin zum Führungsteam, das in seinen Sitzungen über diese und die geleistete Arbeit spricht. Die wichtigste Erkenntnis für mich war, dass das Unternehmen diese Haltung nicht nur nach außen kommuniziert, sondern wirklich täglich lebt.

MERKMAL 2:
Design- und Innovationsfragen

Bei der Gestaltung der sozialen Werte Ihres Unternehmens sollten Sie sich die folgenden Fragen stellen:

- Was ist ein Alleinstellungsmerkmal unseres Unternehmens in der Gesellschaft und wie sorgen wir dafür, dass Einzelne in der Familie, Gemeinschaft und Welt vorankommen?
- Welche Existenzberechtigung hat unser Unternehmen in der Gesellschaft und wie wirkt sich dieser Zweck auf Menschen, Orte und den Planeten aus?
- Für wen setzen wir uns ein (demografisch, geografisch und unsere Zielgruppen) und was bieten wir an Mehrwert, der Menschen überall voranbringt?
- In welcher Weise helfen unsere Arbeit, Mitarbeitenden, Dienstleistungen, Güter beziehungsweise unser Wissen anderen Menschen?
- Wie können wir die Wirkung unseres Handelns für einen einzelnen Menschen unter Beweis stellen, die durch unser Wissen, unsere Dienstleistungen und Waren erzielt wurde? Wie beeinflusst unser Handeln den Lebensweg einzelner Menschen? Sind sie nun befähigt, einen Beitrag zur Gemeinschaft zu leisten, wo ihnen dies in der Vergangenheit verwehrt war?
- Wie profitieren die Gesellschaft und die Welt von den verbesserten Perspektiven der Menschen, für die wir uns engagieren?

Viele Unternehmen veranstalten Klausurtagungen oder ganztägige Workshops, um ihre Unternehmenswerte zu entwickeln und sie dann den Mitarbeitenden zu vermitteln. Manche drucken sie auf Plakate oder veröffentlichen sie auf der eigenen Website. Mitunter werden sie sogar in Lieferantenverträge aufgenommen. Für viele hat sich die Sache jedoch damit erledigt. Die hehren Worte verhallen im Alltagsgeschäft. Wenn ein Unternehmen gesellschaftlich-verantwortlich denkt, füllt es Unternehmenswerte mit Leben. Es diskutiert die jeweiligen Werte mit allen, die mit dem Unternehmen in Beziehung stehen, und lässt sie in alle Prozesse und Entscheidungen einfließen.

INTERVIEW

Stephan Kohorst, Dr. Ausbüttel & Co. GmbH

»Bei uns bewerben sich viele [Menschen], die intrinsisch motiviert sind und die für ihre Arbeit brennen. [Das] hat enorme Auswirkungen auf die Unternehmenskultur.«

STEPHAN KOHORST, Geschäftsführer und Inhaber der Dr. Ausbüttel & Co. GmbH, zeigt, in welcher Weise Werte sein Gesundheitsunternehmen bei der Innovation von Produkten für Patient:innen und dem Engagement für die Regionen leiten, in der die Mitarbeiter:innen des Unternehmens leben und arbeiten. Viele Mitarbeiter:innen und Auftragnehmer:innen des Unternehmens haben eine Behinderung, was das soziale Engagement des Unternehmens noch relevanter macht.

Michael Alberg-Seberich: Können Sie Ihre Rolle bei der Dr. Ausbüttel & Co. GmbH beschreiben und wie Ihr soziales Engagement im Unternehmen aussieht?

Stephan Kohorst: Mich treibt intellektuelle Neugierde und unternehmerisches Denken an. Bei Ausbüttel haben wir einen sehr umfassenden und tiefgreifenden Werteprozess mit dem Managementteam und allen Mitarbeiter:innen durchlaufen, um unsere Unternehmenswerte zu definieren. Die fünf Wertvorstellungen, die sich dabei herauskristallisiert haben, entsprechen ziemlich genau auch meinem persönlichen Wertekanon.

Freiheit ist ein ganz zentraler Wert: die Freiheit, Fehler machen zu dürfen, sich auszuprobieren und kreativ zu sein.

Danach kommt Vertrauen: sich selbst zu vertrauen, was ein gewisses Maß an Selbstbewusstsein voraussetzt, aber auch Ambiguitätstoleranz einschließt, weil man oft wenig Kontrolle über soziale und unternehmerische Projekte hat.

Der dritte Wert ist Leistung: um wirklich etwas zu erreichen, um Marktanteile zu gewinnen, um die Großen zu schlagen, um über Mittelmaß oder Selbstgefälligkeit hinauszuwachsen.

Der vierte Wert ist Lösungsorientierung: lösungs- und umsetzungsorientiert zu arbeiten. Die Wissenschaft fixiert sich viel zu oft auf die reine Theorie. Gerade wir Deutschen haben einen Hang dazu, ein Problem verstehen zu wollen, vergessen dabei aber allzu oft, dass wir es eigentlich lösen wollen.

Der fünfte Wert, der meines Erachtens mit den anderen vier Werten zusammenhängt, ist soziales Engagement: etwas bewegen. Ich habe im Laufe der Zeit festgestellt, dass es eine enge Verbindung zwischen den zwei Unternehmenstypen gibt, die ich am meisten mag: Familienunternehmen und Sozialunternehmen. Wen ich gar nicht mag, sind Bürokraten beziehungsweise Aktionäre, für die es in der Wirtschaft nur ums Geld geht. Für mich ist das ein Krebsgeschwür der Marktwirtschaft.

MAS: Wo setzt Ihr Unternehmen im Hinblick auf soziale Wirkung und Nachhaltigkeit Schwerpunkte?

SK: Theoretisch haben wir drei Zielgruppen, aber unsere Arbeit ist zu 90 Prozent auf zwei von ihnen ausgerichtet. Die erste Gruppe umfasst benachteiligte Jugendliche. Unsere Stiftung finanziert Arbeit für Kinder, Palliativmedizin, schwierige Jugendliche, darunter Straftäter und sogar ein kleiner Prozentsatz von Sexualstraftätern. Das war für mich eine echte Herausforderung. Wir finanzieren auch Sozialarbeit für junge Prostituierte auf dem

Straßenstrich. Wir machen jungen Menschen aus benachteiligten Gegenden umfangreiche Mentoring-Angebote, weil wir überzeugt davon sind, dass wir etwas bewirken und Biografien ändern können.

Die zweite Gruppe sind Menschen mit Behinderungen. Etwa zehn Prozent unserer Belegschaft hier in Dortmund sind in irgendeiner Form behindert. Wir ermöglichen auch 1100 Menschen mit Behinderungen, in anderen Organisationen einer Beschäftigung nachzugehen. Außerdem nutzen wir häufig integrative Hotels und Dienstleistungen wie zum Beispiel beim Catering und der Gartenarbeit.

MAS: Ich weiß, dass Sie dem Thema Nachhaltigkeit etwas skeptisch gegenüberstehen, aber beschäftigt sich Ihr Unternehmen auch damit?

SK: Soziale Nachhaltigkeit liegt mir sehr am Herzen wie beispielsweise die Integration von benachteiligten Menschen. Wir versuchen auch, ökologisch nachhaltig zu wirtschaften. Wir haben unser neues Gebäude mit Solaranlagen ausgestattet und pumpen Wasser in die Erde. So heizen wir das ganze Gebäude. Im Winter sammeln wir das Eis unter dem Gebäude und nutzen es im Sommer anstelle einer Klimaanlage zur Kühlung des Gebäudes. Meine Leidenschaft liegt aber mehr bei den Mitmenschen als der Natur.

MAS: Wie hängt Ihr soziales Engagement mit Ihrer Innovationsfähigkeit als Unternehmen im Gesundheitssektor zusammen?

SK: Bei uns bewerben sich viele Menschen, die intrinsisch motiviert sind und für ihre Arbeit brennen. Sie machen nicht einfach nur einen Job nach dem Motto: »Weil du mir Geld gibst, mach ich's«. Diese Einstellung hat enorme Auswirkungen auf die Unternehmenskultur und auf die Qualität unseres Personals. So kommen wir an hervorragende Mitarbeiterinnen und Mitarbeiter.

»Wir sind bereit, 15 Jahre in ein Projekt zu investieren, das Kindern hilft.«

Nehmen wir das Beispiel Produktentwicklung. Vor sechs Wochen haben wir ein Produkt auf den Markt gebracht, das zur Behandlung von Epidermolysis Bullosa (EB) eingesetzt wird. Die sogenannte Schmetterlingskrankheit ist eine seltene Krankheit, von der Kinder betroffen sind und die extrem schlecht heilende Wunden verursacht. Vor zehn Jahren war dieses Produkt für uns noch Wunschdenken, eine Vision, die unsere Möglichkeiten weit überstieg. Für mich war dennoch klar, dass wir etwas tun mussten, da der Wechsel der Wundauflagen ausgesprochen schmerzhaft ist. Daraufhin beschlossen wir, viel Zeit, Geld und Personal in die Entwicklung eines Produkts zu stecken, das die Schmerzen der betroffenen Kinder lindert. Jetzt, nach der Markteinführung, ist unser Ziel für die nächsten fünf Jahre, das Produkt möglichst vielen kleinen Patientinnen und Patienten zugänglich zu machen und schließlich irgendwann in die Gewinnzone zu kommen. Das heißt: Wir sind bereit, 15 Jahre in ein Projekt zu investieren, das Kindern hilft.

Ein solches Handeln hat natürlich Auswirkungen auf die Menschen hier im Unternehmen. Als sie davon hörten und aus den Rückmeldungen von Patient:innen erfuhren, dass das Mittel wirklich etwas kann, waren unsere Mitarbeiter:innen stolz. Jetzt denken wir über Möglichkeiten in der Palliativmedizin, Onkologie und im Hinblick auf andere schwere Wunden nach und fragen uns, was wir tun können. Wir können einen Krebspatienten nicht heilen, aber wir können mehr als nur Trost spenden. Wir können die Lebensqualität von Menschen enorm verbessern.

MAS: Gab es in Ihrem persönlichen oder beruflichen Leben einen bestimmten Augenblick, in dem Sie sich sagten: »So müssen wir's machen!« – durch Einbeziehung der sozialen Dimension?

SK: Im Alter von 15 bis 18 verbrachte ich viel Zeit mit einem Priester, der in einem Gefängnis arbeitete. Ich war sehr beeindruckt von seiner Arbeit, aber ich wusste, dass ich nicht mutig genug war, um so zu leben wie er und ich nicht aus dem Holz geschnitzt war, um ein guter Sozialarbeiter zu sein. Also wurde ich Unternehmer und fand mit der Zeit die Gruppen, die ich fördern kann.

MAS: Können Sie ein erfolgreiches Sozialprojekt beschreiben, auf das Sie besonders stolz sind?

SK: Ich denke, unser hohes Maß an Inklusion innerhalb der Belegschaft ist schon einzigartig. Unabhängig von ihrer jeweiligen Behinderung fordern wir unsere Mitarbeiter:innen heraus, weil wir wissen, dass sie das Zeug dazu haben. Wir behandeln alle Teammitglied gleich.

Ich denke, wir haben durch die Bank weg einen sehr hohen Anteil an intrinsisch motivierten Mitarbeitenden. Während eines Besuchs in ihrer alten Heimat besuchte eine polnische Mitarbeiterin aus der Forschung und Entwicklung einen EB-Patienten, um besser zu verstehen, was wir machen. Als sie zurückkam, erklärte sie mir, ich müsse sie nicht mehr zur Arbeit motivieren. Eine andere Geschichte handelt von einer Frau, die früher für uns putzte. Sie war nach Deutschland eingewandert und obwohl ihre Bildungsbiografie beachtlich war, nahm sie die Putzstelle an, weil sie ihren Lebensunterhalt verdienen musste. Irgendwann erzählte sie mir von ihrem Hintergrund und ihrer akademischen Ausbildung in Osteuropa. Heute leitet sie unser Forschungslabor. Diese und andere Frauen lockt man nicht mit Anreizen oder einem schicken Büro. Sie haben einen anderen Wertekanon.

MAS: Was würden Sie anderen Unternehmen raten, die sich sozial engagieren wollen? Gibt es ein oder zwei Punkte, auf die es Ihrer Ansicht nach ankommt?

SK: Gestatten Sie sich, Fehler zu machen. Probieren Sie, was funktioniert und was nicht. Fangen Sie klein an, aber verzetteln

Sie sich nicht. Suchen Sie sich einfach ein Thema. Seien Sie pragmatisch – ob als Unternehmer:in oder Manager:in oder was auch immer Ihre Rolle ist –, um persönliche Erfahrungen zu sammeln. Engagieren Sie sich nicht nur, um gut dazustehen oder fürs Personalmarketing. Wenn Menschen das soziale Engagement von Unternehmen erst einmal mit Zynismus betrachten, stehen Sie schlechter da als vorher. Seien Sie ehrlich. Gesellschaftlich relevantes Engagement ist nie völlig selbstlos oder altruistisch. Es ist toll, wenn man andere Menschen fördern kann, wenn man etwas bewegt. Außerdem sollten Sie mit Misserfolgen und Undank rechnen.

»Engagieren Sie sich nicht nur, um gut dazustehen oder fürs Personalmarketing. Wenn Menschen das soziale Engagement von Unternehmen erst einmal mit Zynismus betrachten, stehen Sie schlechter da als vorher.«

Das wird passieren. So ist das Leben. An einem bestimmten Punkt werden Sie auch mal enttäuscht sein. Aber dann kommt es darauf an, was Ihnen wirklich wichtig ist. Wenn es Ihnen um die Sache geht, stecken Sie die Enttäuschung weg und machen weiter.

KAPITEL 3

Merkmal 3: Ein die gesellschaftliche Verantwortung wahrnehmendes Unternehmen setzt alle seine Ressourcen zum Nutzen des Gemeinwohls ein

Die SchlaU-Schule in München ist ein lebendiger Ort, an dem Lebensweichen gestellt werden. An einem normalen Tag gehen junge Menschen aus aller Welt hier ein und aus, reden über Hausaufgaben, eine anstehende Prüfung, ihr nächstes Praktikum oder einfach nur über den letzten Grillabend. Ein Bienenstock ist nichts im Vergleich zu dieser Bildungseinrichtung. Die 320 Schüler:innen der Schule kamen einst alle als unbegleitete minderjährige Flüchtlinge nach Deutschland. Weniger juristisch ausgedrückt waren sie 18 oder jünger und reisten ohne Eltern oder Verwandte ein.

Die Geschichten, die diese Jugendlichen erzählen, brechen einem das Herz, manche klingen wie ein Albtraum, aber wenn sie erzählen, dann mit einem Schimmer der Hoffnung und dem Gefühl, in dieser Schule ein Zuhause gefunden zu haben. Die Schule hat unzählige Preise für ihre Arbeit gewonnen, nicht nur im Bereich der Integration und Flüchtlingsarbeit, sondern auch als Bildungseinrichtung. 98 Prozent der Schüler:innen machen jedes Jahr ihren Abschluss. Die Menschen, denen diese Schule zu verdanken ist, allen voran ihr Gründer Michael Stenger, scheuen sich nicht, Risiken einzugehen. Sie sind Visionäre, Pragmatiker und Profis in ihren jeweiligen Disziplinen.[1]

Vielleicht fragen Sie sich, was die Geschichte einer Schule für Flüchtlinge in einem Buch über den Corporate Social Mind verloren hat. Die Antwort ist einfach: Weil Unternehmen zu dieser Erfolgsgeschichte beigetragen haben und weiterhin ihren Beitrag leisten, wobei sie sich weit über die auf der Hand liegenden Geldspenden engagieren:

- Hilti, ein weltweit tätiger Entwickler und Hersteller von Werkzeugen für die Bau-, Facility-Management- und Fertigungsindustrie, unterstützt die Schule mit Ressourcen und Netzwerken in der Baubranche. Die Schule musste wiederholt umziehen. Hilti half mit Gebäudedesign, Planung und praktischen Umbauarbeiten durch Personal und Kunden.

- Springer Nature, ein weltweit tätiger Wissenschaftsverlag, beriet die Organisation in Fragen des Wissensmanagements und der Buchproduktion, als die Schule ihre Lehrpläne und Erfahrungen mit unbegleiteten minderjährigen Flüchtlingen in Form eines Buches für Lehrkräfte, öffentliche Verwaltungen und gemeinnützige Bildungseinrichtungen nutzbar machen wollte.

- Die Unternehmensberatung goetzpartners ist seit vielen Jahren strategischer Berater der Einrichtung. Die Partner und Berater sind Mentoren für Führungskräfte, haben bei der Entwicklung eines Businessplans Schützenhilfe geleistet und neue Finanzierungs- und Fundraising-Strategien entwickelt. Die *WirtschaftsWoche* zeichnete goetzpartners 2018 für die langjährige Zusammenarbeit mit der Schule im Rahmen des »Best of Consulting« in der Sonderwertung »Pro Bono« aus.

- Mehrere Münchner Unternehmen haben ihr Personal ermutigt, als Mentor:innen für die Schüler:innen der Schule ehrenamtlich tätig zu werden. Diese Patenschaften sind oft deutlich umfassender als im Rahmen eines Corporate-Volunteering-Programms üblich und erfordern ein zeitliches Engagement, das weit über das hinausgeht, was Unternehmen ihren Mitarbeiter:innen normalerweise für gemeinnützige Tätigkeit zugestehen. Die meisten dieser Unternehmen haben die SchlaU-Schule auch direkt oder über eine Unternehmensstiftung mit einer Spende unterstützt. Richtig stolz sind sie jedoch auf die Zeit, die sie investiert, und das Wissen, die Fähigkeiten und Netzwerke, die sie für die jungen Menschen zur Verfügung gestellt haben.

FOKUS

Wenn Unternehmen Ressourcen zum Nutzen der Gesellschaft einsetzen, bedeutet das, dass sie ihr intellektuelles, soziales, finanzielles und emotionales Kapital investieren, um Ideen voranzutreiben, die den gesellschaftlichen Fortschritt fördern.

In diesem Kapitel beantworten wir die folgenden Fragen:

- Welche Ressourcen können Unternehmen zum Nutzen der Gesellschaft mobilisieren?
- Warum spenden Unternehmen zunächst oft Geld und fangen erst später an, verschiedene andere Ressourcen einzusetzen?
- Was ist Corporate Volunteering? Welche Formen des Corporate Volunteerings gibt es?
- Warum ist das Personal ein so wichtiger Aspekt des sozialen Engagements von Unternehmen?

Unternehmen verfügen über zahlreiche Ressourcen, die sie für ihr soziales Engagement einsetzen können. Diese Ressourcen können im Rahmen des Kerngeschäfts mobilisiert werden oder stehen im Kontext von Marketing, Kommunikation und/oder der Erfassung von gesellschaftlicher Wirkung.

MERKMAL 3 IN DER PRAXIS

Unternehmen, die sozial-verantwortlich denken, können verschiedene Arten von Ressourcen nutzbar machen. Diese Ressourcen können auf der Grundlage des **FIITTTS-Modells** als Formen von »Kapital« kategorisiert werden:

Financial (Finanzkapital)
In-kind (Sachkapital)
Intellectual (geistiges Kapital)
Time (Zeitkapital)
Transmission (Vermittlungskapital)
Trust (Vertrauen)
Social (Sozialkapital)

Das FIITTTS-Modell stellt eine einfache Möglichkeit dar, einen ganzheitlichen Ansatz zur Lösung gesellschaftlicher Herausforderungen durch Innovation und Ressourcenplanung zu entwickeln. Werfen wir einen genaueren Blick auf das FIITTTS-Modell.

FINANZKAPITAL

Ein Unternehmen kann in ein neues Produkt oder ein Start-up investieren, das einen Beitrag zur Lösung eines gesellschaftlichen Problems leistet. Es kann einer NGO ein Darlehen gewähren oder an sie spenden.

- Der französische Lebensmittelkonzern Danone hat ein Ökosystem von Sozialinvestitionsfonds geschaffen. Der Fonds »Livelihoods Fund for Family Farming« oder der Fonds »Livelihoods Carbon Fund« stellen Finanzmittel für eine Vielzahl von Start-ups und anderen Unternehmen zur Verfügung, die sich auf die Fahne geschrieben haben, spezifische Herausforderungen in den Bereichen Lebensmittelproduktion, Klimawandel, landwirtschaftliche Familienbetriebe und Lebensmittelverteilung zu lösen.[1]

- Salesforce spendet an Organisationen auf der ganzen Welt, die sich aktiv für die Bekämpfung von Jugendarbeitslosigkeit einsetzen. Die Unterstützung ist Teil der Verpflichtung des Softwareunternehmens, ein Prozent seiner Ressourcen in Form von Geld, Produkten und Zeit für die »Verbesserung des Zustands der Welt« einzusetzen.[2] Es mag wenig überraschen, dass Salesforce auch die SchlaU-Schule in München fördert.

- MAC Cosmetics spendet den gesamten Gewinn seiner Lippenstiftlinie VIVA GLAM, um die Öffentlichkeit für HIV/AIDS zu sensibilisieren und Geldmittel für den Kampf gegen die Krankheit zu sammeln. Das Unternehmen hat sich schon früh für dieses Anliegen starkgemacht, als es erkannte, in welchem Maße die Modeindustrie und andere kreative Branchen von der Epidemie betroffen waren. Der MAC AIDS Fund hat sich zu einem wichtigen, anerkannten und sachkundigen globalen Geldgeber für diese Sache entwickelt.

Wenn Sie überlegen, wie Sie das Finanzkapital Ihres Unternehmens sinnvoll für soziale Zwecke einsetzen, können Ihnen die folgenden Fragen bei der kritischen Analyse helfen:

- Welche Wirkung wollen wir erzielen?
- Wie viel Geld wollen wir in gesellschaftliche Themen investieren?
- Wollen wir nur Spenden gewähren oder auch Darlehen vergeben beziehungsweise sogar in das Eigenkapital von neuen Sozialunternehmen investieren?
- An welche Finanzierungszeiträume wollen wir uns binden?
- Spenden wir allein oder gemeinsam mit anderen?
- Wollen wir mit einem unserer Produkte Geld für ein Förderanliegen sammeln, also sogenanntes Cause-Related Marketing oder Buy-One-Give-One betreiben?

SACHKAPITAL

Neben Geld, Zeit und Know-how können Unternehmen auch mit ihren Produkten zur Linderung eines gesellschaftlichen Problems beitragen. Im Einzelhandel oder der Immobilienbranche können beispielsweise Räumlichkeiten kostenlos für Veranstaltungen oder Büros zur Verfügung gestellt werden.

Heute ist es gängige Praxis, dass Supermärkte und Lebensmittelunternehmen mit den Tafeln zusammenarbeiten. Sie nutzen überschüssige Waren zur Versorgung von Menschen, die sich den Gang in den Supermarkt nicht leisten können. Viele Softwareunternehmen stellen ihre Produkte dem gemeinnützigen Sektor kostenlos oder zu ermäßigten Preisen zur Verfügung. Die gemeinnützige Plattform TechSoup bündelt weltweit solche Angebote für den gemeinnützigen Sektor.

Die Sozialmarke share verkauft Nussriegel, Seifen oder Schulblöcke und stellt für jedes verkaufte Produkt ein ähnliches vor allem Kindern in schwierigen sozialen Situationen auf der Welt zur Verfügung. Dieses Buy-One-Get-One Prinzip mobilisiert nicht nur Ressourcen, sondern schafft vor allem Aufmerksamkeit für Themen. Mehr hierüber erzählt Iris Krause, eine der Gründerinnen des Unternehmens, in ihrem Interview in diesem Buch.

Wenn Sie Produkte spenden wollen, müssen Sie andere Fragen stellen. Wenn Sie zu dem Schluss kommen, dass Ihr Produkt einem guten Zweck dienen könnte, überlegen Sie, ob die Transaktion sowohl für Sie als auch für die gemeinnützige Organisation sinnvoll ist:

- Kann die Organisation das Produkt lagern und vertreiben?
- Wie hoch sind die Lieferkosten?
- Welche Fragen zu Haftung, Steuern und geistigem Eigentum müssen vor der Spendenaktion beantwortet werden?
- Wollen Sie mit dieser Form des Spendens an die Öffentlichkeit treten? Wenn ja, wie?

GEISTIGES KAPITAL

Unternehmen verfügen über einen beachtlichen Schatz an Talenten (Menschen), Wissen und Fähigkeiten, die sie für die Gesellschaft mobilisieren können. Sie können ihre Spitzenkräfte einsetzen, um soziale Innovationen voranzutreiben, einer Community-Organisation mit der Buchhaltung oder dem Businessplan zu helfen, eine Sensibilisierungskampagne für einen Themenbereich zu entwickeln oder einen Strand zu reinigen.

So stellen Logistikunternehmen auf der ganzen Welt gemeinnützigen Organisationen und staatlichen Stellen regelmäßig nach Natur- oder humanitären Katastrophen ihr Wissen, ihre Fähigkeiten und Ausrüstung zur Verfügung. Christoph Selig von der Deutschen Post DHL Group erläutert dies im Interview in diesem Buch für sein Unternehmen.

Anwälte und Anwaltskanzleien auf der ganzen Welt bieten gemeinnützigen Organisationen Pro-bono-Dienste an, indem sie bei Verträgen, Beschäftigungsfragen oder bestimmten Rechtsfällen helfen. Für einige Anwaltskanzleien ist es eine Selbstverständlichkeit geworden, einen bestimmten Prozentsatz solcher Arbeit für die Gesellschaft zu leisten. Zum Beispiel vermittelt die Plattform www.probono-rechtsberatung.de der gemeinnützigen Organisation UPJ solche Rechtsunterstützung für NGOs in Deutschland.

Diese Art des Engagements kann von unschätzbarem Wert für Organisationen und deren Projekte sein, bei denen Fachwissen gefragt ist, das man sich nicht in Form von eigenen Angestellten leisten kann. Analysieren Sie Kompetenzen der Teams in Ihrem Unternehmen und stellen Sie folgende Fragen:

- Über welche Kompetenzen und welches Wissen verfügen wir?
- Wie könnten wir mit diesen Ressourcen die gesellschaftlichen Themen unterstützen, die uns am Herzen liegen?
- Welche Aspekte der Arbeitsplatzkultur und welche Personalfragen (zum Beispiel Anträge auf Freistellung oder Versicherungen) sind zu berücksichtigen, wenn sich unsere Mitarbeiter:innen für gemeinnützige Organisationen engagieren?

ZEITKAPITAL

Viele Unternehmen ermutigen ihre Mitarbeiter:innen mittlerweile, sich ehrenamtlich zu engagieren, und stellen sie dafür frei – oft sogar gegen Bezahlung. Mitarbeiter:innen können sich so in Pro-bono-Projekte für gemeinnützige Organisationen oder Sozialunternehmen einbringen.

So ermutigen Unternehmen auf der ganzen Welt beispielsweise ihr Personal, als Mentorin oder Mentor einen jungen Menschen im Übergang von der Schule in den Beruf zu begleiten. Unternehmen organisieren Freiwilligentage, um gemeinsam einen Park zu säubern, eine Schule zu streichen oder eine Spendenaktion für einen bestimmten Zweck zu organisieren wie einen Kuchenbasar oder den in den USA schon fast ikonischen Limonadenstand.

Beschäftigten Sie sich zunächst mit den Grundlagen:

- Wollen wir Manager:innen dazu anhalten, Mitarbeiter:innen freizustellen?
- Wollen (und können) wir unseren Mitarbeiter:innen bezahlte Arbeitszeit zur Verfügung stellen, um sich für eine Sache zu engagieren?
- Wie lässt sich die Freiwilligenarbeit in unsere Kultur des Mitarbeiterengagements integrieren?

Erstellen Sie dann einen Umsetzungsplan, der eine Beteiligung auf allen Ebenen des Unternehmens vorsieht. Wenn die Führungsriege dabei ist, machen auch mehr Mitarbeitende mit.

EINIGE GEDANKEN ZUM CORPORATE VOLUNTEERING

In fortschrittlichen Unternehmen galten Mitarbeiter:innen schon immer als *die* entscheidende Ressource für den Geschäftserfolg. Weltweit nimmt das Bewusstsein zu, dass dies ebenfalls für gesellschaftliches und soziales Engagement gilt. Am FIITTTS-Modell zeigt sich bereits, wie wichtig das eigene Personal für die Mobilisierung von Ressourcen ist.

Der Begriff »Corporate Volunteering«, der häufig für diese Form des Engagements verwendet wird, ist zu einem Indikator in verschiedenen Nachhaltigkeitsratings geworden. So fragt der Dow Jones Sustainability Index Unternehmen nach den gemeinnützig geleisteten Arbeitsstunden ihrer Belegschaft. Man kann darüber streiten, ob solch ein quantitativer Indikator viel über die Qualität des sozialen Engagements eines Unternehmens aussagen kann, aber zumindest hat er zur Sensibilisierung für diese Form des Kapitals für die Gesellschaft beigetragen.

Corporate Volunteering spielt heutzutage eine besonders wichtige Rolle für das Mitarbeiterengagement. Das emotionale Bekenntnis der Mitarbeiter:innen zu ihrem Unternehmen und dessen Zielen ist ein hilfreicher Indikator für die Mitarbeiterbindung und Produktivität. Vor allem die Generation Y verbindet das soziale Engagement von Mitarbeiter:innen mit dem sozialen und ökologischen Engagement eines Unternehmens – seinem Corporate Social Mind.

Unternehmen nutzen das Instrument des Corporate Volunteerings auch für die Entwicklung von Führungskräften und beziehen es sogar in Personalbeurteilungsprogramme ein. Viele Unternehmen bieten heutzutage Teameinsätze an, bei denen hoch qualifizierte Manager:innen mit einer NGO zusammenarbeiten, um bei der Lösung eines Problems helfend zur Seite zu stehen. Andere Unternehmen ermöglichen ihren Mitarbeiter:innen Sabbaticals bei gemeinnützigen Einrichtungen. Der Fantasie sind hier keine Grenzen gesetzt.

In der Vergangenheit hat die Forschung die folgenden beiden Formen von Corporate Volunteering unterschieden:

Kompetenzbasiertes Engagement (Skills-Based Volunteering): Mitarbeiter:innen engagieren sich ehrenamtlich im Rahmen von Aufgaben, bei denen sie ihre spezifischen beruflichen Fähigkeiten und Kenntnisse einsetzen können.

Traditionelles Engagement (Traditional Volunteering): Mitarbeiter:innen engagieren sich ehrenamtlich, wobei ihr Einsatz keine besonderen beruflichen Fähigkeiten und Kenntnisse erfordert.[3]

Während diese Formen des freiwilligen Engagements den im FI-ITTTS-Modell beschriebenen Dimensionen geistiges Kapital und Zeitkapital entsprechen, gibt es noch eine andere Form der Wertschätzung des ehrenamtlichen Beitrags von Mitarbeitenden: die Anerkennung des persönlichen, privaten gemeinnützigen Engagements für bestimmte Zwecke durch komplementäre Spenden. Das sogenannte Matching von Mitarbeiterspenden ist heute gängige Praxis, zumal es dank einer Vielzahl von Softwaretools verwaltungstechnisch einfacher geworden ist. Die Stiftung der Deutschen Bahn beispielsweise würdigt mit ihrem Programm »Ehrensache« jedes Jahr außergewöhnliches bürgerschaftliches Engagement ihrer Mitarbeiter:innen in Form einer öffentlichen Auszeichnung und finanzieller Unterstützung.

Corporate Volunteering ist zu einem festen Bestandteil der Wirtschaftskultur geworden und kann, wenn man weiß, wie es geht, ein erstaunliches Instrument zur Motivation von Mitarbeitenden im Rahmen der Förderung eines sozialen Anliegens darstellen. Viele Unternehmen haben heute das Mitarbeiterengagement auf verschiedenen Managementebenen integriert, insbesondere im Hinblick auf Personal und Unternehmenskultur. Dabei ist jedoch eine Sache zu beachten: Führungskräfte müssen im Kopf behalten (beziehungsweise daran erinnert werden), dass »Corporate Volunteering« per definitionem »freiwillig« ist, das heißt, Mitarbeiter:innen engagieren sich ohne Druck aus einer intrinsischen Motivation heraus.

Eine gesellschaftlich-verantwortungsvolle Haltung bildet einen ganzheitlichen Ausgangspunkt, um Ihre Mitarbeiter:innen mit ins Boot zu holen, damit sie gestützt auf die vielen Ressourcen, die Ihrem Unternehmen zur Verfügung stehen, einen Beitrag für die Gemeinschaft leisten. Durch Sie können Einrichtungen wie die SchlaU-Schule gedeihen und erstaunliche Dinge für junge Menschen und unsere Gesellschaft getan werden.

VERMITTLUNGSKAPITAL

Ein Unternehmen verfügt über verschiedene Möglichkeiten, ein Anliegen zu kommunizieren (siehe das Kapitel zum 5. Merkmal), darunter Öffentlichkeitsarbeit, Marketingkanäle und andere Kommunikationsmaßnahmen.

In den letzten Jahren haben sich beispielsweise Unternehmen in Frankreich (OneInThreeWomen), Deutschland (Initiative Chefsache) oder in Großbritannien (Business Fights Poverty), die sich für Vielfalt und sozialen Zusammenhalt starkmachen, zusammengetan, um ihre feste Überzeugung der Wichtigkeit dieser Themen an die Öffentlichkeit zu tragen. Verschiedene Markenkampagnen haben zu gesellschaftlichen Problemen Stellung bezogen, die eine Themenpalette von Geschlechterwahrnehmung (zum Beispiel »She Is a Lady« von H&M) über Klimawandel (zum Beispiel »Say Yes to Plastic« von true fruits) bis hin zu Obdachlosigkeit (zum Beispiel »#nursoamrande« von Fritz-Kola) umspannen. Im Umweltbereich setzen sich Einzelhändler wie Carrefour (Frankreich), Rewe (Deutschland), Hofer (Österreich), Sainsbury's (Großbritannien), Patagonia und Starbucks (USA) sowie Mitglieder der Lebensmittelindustrie wie Ricola (Schweiz), sweetgreen (USA) und Ritter Sport (Deutschland) gemeinsam mit gemeinnützigen Organisationen aktiv für den Schutz von Bienen und andere ökologische Anliegen ein.

Die Kommunikation mit Ihren Zielgruppen über die sozialen Themen und besonderen Anliegen, die Ihnen am Herzen liegen, unterscheidet sich nicht so grundlegend von der Kommunikation mit Verbraucher:innen zu einem bestimmten Produkt. Nutzen Sie die folgenden allgemeinen Fragen zur gezielten Ansprache von Zielgruppen:

- Welche Marketing- und Kommunikationsmittel stehen uns zur Verfügung?
- Welche Kanäle können wir im Rahmen unseres gesellschaftlichen Engagements nutzen?
- Wen erreichen wir je nach Geschäftsfeld (B2C, B2B und so weiter) und wie sprechen wir diese Zielgruppen am besten an?

VERTRAUENSKAPITAL

Vertrauen ist das vielleicht am schwersten zu erfassende, aber gleichzeitig das wichtigste Gut eines Unternehmens. Vertrauen bedeutet, eine emotionale, empathische Beziehung zu den Menschen beziehungsweise zur Gesellschaft aufzubauen. Wenn Sie die Idee des Corporate Social Mind in Ihrem Unternehmen verankern wollen, müssen Sie vertrauensbasierte Beziehungen mit Ihren Partnern in der Gesellschaft eingehen. Sie müssen in höchstem Maße bereit sein, Formen der professionellen Arbeit in anderen Bereichen anzuerkennen sowie die Tatsache, dass Sie mit Ihrer Geschäftslogik möglicherweise nicht weit kommen, wenn Sie ein gesellschaftliches Anliegen fördern wollen.

Dazu ein Beispiel: Auch wenn eine Einzelhandelskette in der Vergangenheit vielleicht nur Spenden an lokale Partner vergeben hat, hat sie eine enge Verbindung zu einer gemeinnützigen Organisation aufgebaut, die sich im Bereich des gesunden Aufwachsens von Kindern engagiert. Das Unternehmen hat mehr über die Arbeit der NGO gelernt, Vertrauen in diese gefasst und geht mit dieser eine fünfjährige Partnerschaft ein. Diese Partnerschaft fußt auf der Einsicht, dass Gesundheitsbildung eines längerfristigen Engagements bedarf. Noch wichtiger ist jedoch die Tatsache, dass darin das Vertrauen in die Organisation und ihre Arbeit zum Ausdruck kommt. Die folgenden Fragen sollen zur Anregung einer vertieften internen Diskussion dienen:

- Welche Aspekte spielen für uns in einer Vertrauensbeziehung eine wichtige Rolle (Transparenz, zwischenmenschliche Beziehungen und so weiter)?
- Wie können wir das Vertrauen nutzbar machen, das Menschen in das Management, die Belegschaft oder unsere Marken haben, um uns wirksam für eine Sache zu engagieren?

SOZIALES KAPITAL

Soziales Kapital ist ein in den Sozialwissenschaften weitverbreiteter Begriff, der jedoch oft schwer zu definieren ist. Wir konzentrieren uns an dieser Stelle auf die Beziehungen eines Unternehmens und die Werte, welche Partner und Netzwerke für das Gemeinwohl schaffen können.

Als Unternehmen sind Sie und Ihre Mitarbeitenden in vielfältiger Weise mit lokalen, regionalen, nationalen und globalen Gemeinschaften verbunden. Netzwerke stellen oft einen wichtigen Aspekt des Geschäftserfolgs dar. Aber diese Netzwerke können auch dazu beitragen, den sozialen Wandel voranzutreiben, indem Sie Partnerschaften mit anderen Einrichtungen aus verschiedenen Bereichen des Gemeinwesens eingehen.

So stellt beispielsweise ein Produktionsunternehmen den Kontakt zwischen der von ihm geförderten gemeinnützigen Obdachlosen-Organisation und der von ihm beauftragten Wirtschaftsprüfungsgesellschaft her, die ihrerseits der NGO kostenlose Dienstleistungen anbietet. In einem anderen Fall bringt die Geschäftsführerin eines Dienstleistungsunternehmens eine vom Unternehmen unterstützte gemeinnützige Organisation aus dem Umweltbereich mit einer im Bildungssektor tätigen NGO zusammen, damit die beiden Organisationen ein gemeinsames Projekt entwickeln können. In einem dritten Beispiel versammelt ein Unternehmen alle lokalen Stakeholder:innen an einem Produktionsstandort, um über die Verbesserung der Sekundarschulbildung zu sprechen (siehe das Kapitel zum 6. Merkmal).

Die folgenden Fragen in Bezug auf das Beziehungsgeflecht Ihres Unternehmens sollten Sie beantworten:

- Wie sieht das erweiterte Netzwerk unseres Unternehmens aus (haben Sie jemals versucht, es zu skizzieren?)?
- Mit wem stehen wir regelmäßig in Kontakt?
- Welche neuen Partnerschaften mit diesen Akteuren könnten wir eingehen?
- Welche Maßnahmen zur Einhaltung von Vorschriften müssen ergriffen werden, wenn wir Lieferanten, Kund:innen und so weiter mit Blick auf ein gesellschaftliches Thema einbinden?

Wie dargestellt, bietet das FIITTTS-Modell eine einfache Möglichkeit, ein erstes Verständnis für die eigenen Ressourcen und deren Mobilisierung im Rahmen des gesellschaftlichen Engagements eines Unternehmens zu entwickeln. In Kombination mit dem Werteversprechen eines Unternehmens bildet das FIITTTS-

Modell eine solide Grundlage, um sozial-verantwortlich zu denken und zu handeln.

Die Erkenntnis, dass Unternehmen über eine Vielzahl von Ressourcen verfügen, die sie für gesellschaftliche Veränderungen nutzbar machen können, ist oft ein echter Aha-Moment. Es ist wichtig, dass Unternehmen, die über ihre Rolle in der Gesellschaft nachdenken, von Anfang an erkennen, dass sie über deutlich mehr Ressourcen verfügen als nur Geldmittel. Natürlich spielt Geld eine Rolle, ist aber nicht unbedingt die Ressource mit der größten Hebelwirkung.

Diese Einsicht hatten wir im Rahmen eines umfassenden Beratungsprozesses zur weltweiten Corporate-Citizenship-Strategie eines großen Technologie- und Engineering-Unternehmens. Das Unternehmen war mit der Wirkung seines bestehenden Engagements nicht zufrieden. Das Management vermutete, dass die unternehmensbezogenen Aktivitäten weltweit nicht die richtige interne und externe Botschaft vermittelten.

Das Management lag richtig. Die Diskrepanzen ließen sich auf die unterschiedliche Wahrnehmung und Nutzung von Unternehmensressourcen zurückführen.

In Gesprächen mit Manager:innen, die für das gesellschaftliche Engagement des Unternehmens an Standorten in über 30 Ländern zuständig waren und in der Kommunikation, der Chefetage und in der Personalabteilung arbeiteten, stellten wir fest, dass jede Person eigenmächtig entschied, welche Unternehmensressourcen für das soziale Engagement eingesetzt werden sollten. Das Unternehmen verfügte über keinen übergreifenden Plan oder eine Struktur, um die regional angesiedelten Manager:innen bei der Umsetzung gemeinnütziger Maßnahmen vor Ort zu unterstützen und ein einheitliches Narrativ zu erzählen. Einige Standorte ließen ihre Belegschaft Spenden für örtliche Wohltätigkeitsorganisationen sammeln, während andere Entwicklungsprojekten das Know-how von Ingenieur:innen kostenlos zur Verfügung stellten.

Einige tätigten Sachspenden. Die Liste der durchgeführten Maßnahmen (und eingesetzten Ressourcen) wirkte ausgesprochen zufällig und willkürlich.

Diese Einblicke halfen uns, mit der Unternehmenszentrale ganz anders über Ziele für die eigene gesellschaftliche Wirkung zu reden. Die Geschäftsleitung war überrascht, welche kreativen Möglichkeiten Mitarbeiter:innen gefunden hatten, um sich für soziale Belange zu engagieren, und so konzentrierten sich die Gespräche auf die Frage, wie die Begeisterung und das Wissen der Mitarbeiter:innen nutzbar gemacht und wie diese Bemühungen im Unternehmen kommuniziert werden könnten.

Dieser Perspektivwechsel im Denken des Managements stellte einen entscheidenden Wendepunkt für die strategische Ausrichtung des Unternehmens dar. Das Management erkannte, wie viel mehr getan werden und in welch vielfältiger Weise das Unternehmen Wirkung erzielen kann, wenn man über die Vergabe einfacher Finanzspenden hinausdenkt. Heute trifft das Unternehmen alle Entscheidungen im Corporate-Citizenship-Bereich unter Einsatz aller verfügbaren Ressourcen.

Diese Erfahrung markierte für unser Beratungsteam einen Wendepunkt. Wir begannen, unser eigenes freiwilliges Engagement in stärkerem Maße auf der Grundlage unserer Kompetenzen und unseres Wissens, zum Beispiel zu Software, zu betrachten. Das war die Initialzündung für das Konzept des Corporate Social Minds.

Tagtäglich beschäftigen sich Manager:innen mit den Ressourcen, die sie für den Geschäftsbetrieb einsetzen. Wer eine gesellschaftlich-verantwortungsvolle Haltung im Unternehmen vertritt, denkt diese mit, um das gesellschaftliche Engagement zu fördern. Es macht Spaß (und bringt oft schnelle Erfolge), das eigene Unternehmen durch diese Brille zu betrachten. Diese Haltung öffnet den Blick für eine der grundlegendsten Ideen der Wirtschaft: Die angebotenen Dienstleistungen und geschaffenen Produkte verbessern das Leben auf die eine oder andere Weise.

MERKMAL 3:
Design- und Innovationsfragen

Es braucht Kapital aller Art, um die sozial-verantwortliche Einstellung eines Unternehmens in die Praxis umzusetzen. Um sicherzustellen, dass auch Ihr Unternehmen sozial denkt, sollten Sie die folgenden drei Fragen für sich beantworten:

- Auf welche Themen, die den Interessen unserer Mitarbeiter:innen und Verbraucher:innen entsprechen, können wir das FIITTTS-Modell anwenden?
- Wie können wir die Ressourcen vor allem für die Zivilgesellschaft nutzbar machen und die Ressourcen unseres Unternehmens für das betreffende Thema wirksam einsetzen?
- Wie können wir unsere Mitarbeitenden dazu bewegen, ihre Kompetenzen und Ressourcen (Zeit, finanzielle Mittel und so weiter) durch das Unternehmen für die drängendsten Themen einzusetzen?

Unternehmen haben weit mehr zu bieten als Geld, um ein Förderanliegen zu unterstützen und den gesellschaftlichen Wandel voranzutreiben. Ein gesellschaftlich engagiertes Unternehmen schaut sich sein Geschäft genau an, um zu bestimmen, in welcher Form es am besten Hilfe leisten kann. Sei es, dass Mitarbeiter:innen Notunterkünfte bauen, Rucksäcke für Schulkinder packen, vierteljährliche Buchhaltungsprüfungen durchführen, das Management beraten und so weiter. Im Anschluss kann das Team überlegen, wie solche Unterstützung am effizientesten geleistet werden kann. Verbraucher:innen, Mitarbeiter:innen und politische Entscheidungsträger erwarten heute von Unternehmen soziales Engagement. Ein Unternehmen mit einem Corporate Social Mind, das sich seiner gesellschaftlichen Verantwortung bewusst ist, ist am besten in der Lage, diese Erwartungen zu erfüllen.

INTERVIEW

Daniel Lee, Levi Strauss Foundation und Levi Strauss & Co.

»Was im Einklang mit unserer 166-jährigen Firmengeschichte für unseren Ansatz entscheidend ist, ist Geduld, eine meiner Meinung nach in der Philanthropie weit unterschätzte Tugend.«

DANIEL LEE steht als geschäftsführender Direktor der Levi Strauss Foundation auf den Schultern von Giganten der CSR-Welt, darunter Bob Haas, emeritierter Vorsitzender und ehemaliger Geschäftsführer von Levi Strauss & Co. Dieses Erbe erlaubt es ihm, mit der Stiftung mutige Schritte zu gehen, um marginalisierte Gruppen auf der ganzen Welt zu unterstützen. Nachfolgend erklärt er, warum sich Levi Strauss langfristig für gesellschaftliche Themen engagiert.

Derrick Feldmann: Bitte geben Sie uns ein paar Hintergrundinformationen zu Ihrer Rolle bei der Levi Strauss Foundation und Levi Strauss & Co.

Daniel Lee: Ich bin seit elf Jahren Geschäftsführer der Levi Strauss Foundation. Unsere Aufgabe ist es, uns für Themen und Ereignisse unserer Zeit einzusetzen und die Werte unseres Unternehmens – Originalität, Empathie, Integrität und Mut – mit Leben zu füllen. Wir sind der primäre philanthropische Arm des Unternehmens, der langfristig sozialen Wandel in jenen Themenfeldern vorantreiben will, die uns am Herzen liegen. Was uns von anderen Unternehmensstiftungen unterscheidet, ist die Tatsache, dass wir in der Regel früh einsteigen und am Ball bleiben.

Über Jahrzehnte haben wir uns auf drei Kernbereiche fokussiert: erstens die Rechte und das Wohlergehen der Menschen, die unsere Produkte herstellen, zweitens die Bekämpfung der HIV/AIDS-Epidemie und drittens soziale Gerechtigkeit.

Was im Einklang mit unserer 166-jährigen Firmengeschichte des Gebens für unseren Ansatz entscheidend ist, ist Geduld, eine meiner Meinung nach in der Philanthropie, insbesondere in der Unternehmensphilanthropie weit unterschätzte Tugend. In den letzten Jahren haben wir erlebt, wie Instrumente aus der Wirtschaft und Beratungsbranche die Bereiche Philanthropie und Corporate Citizenship wie Güterzüge überrollt haben, geleitet von dem, was ich gern als »Evangelium der Innovation« bezeichne. Zweifellos hat die Innovation viele positive Aspekte, aber Neuerungen haben unbeabsichtigte Folgen und Nachteile. Der fast religiöse Glaube an das Neue und Revolutionäre degradiert das Bekannte und Bewährte. Allzu oft erleben wir, dass Spenden- oder Corporate-Citizenship-Projekte zwei oder drei Jahre laufen, bis jemand mit der nächsten neuen Idee ankommt. Ohne Bekenntnis, Kontinuität und Beständigkeit kann man keinen dauerhaften oder sinnvollen sozialen Wandel herbeiführen.

DF: In unserem Buch geht es auch um Geduld. Gesellschaftliches Engagement ist ein Marathon, kein Sprint. Können Sie ein Beispiel nennen?

DL: In den Anfangszeiten der HIV/AIDS-Epidemie halfen wir gemeinnützigen Organisationen bei der Bewältigung eines Problems, dem sich kein anderer Sektor annehmen wollte – erst rund um San Francisco, später weltweit. Im Laufe der Zeit entwickelte sich dieses Portfolio von Partnern immer weiter. Wir konzentrierten uns auf die Präventionsarbeit und dann auf die Lobbyarbeit für diejenigen, die die Hauptlast der Epidemie trugen. Wir haben über fast vier Jahrzehnte hinweg 75 Millionen Dollar an Mitteln vergeben und uns dabei an sich verändernde Bedingungen und Bedürfnisse angepasst.

Es ist wichtig, flexibel, schnell und kreativ zu sein, wenn es darum geht, gesellschaftliche Veränderungen voranzutreiben, aber der Trend, den wir bei den Geldgebern beobachten, nämlich Projekte in rasantem Tempo aus dem Boden zu stampfen und dann wieder auslaufen zu lassen, gibt Anlass zur Sorge: Solch ein Ansatz ist nicht nur eitel und ineffektiv, sondern auch leichtsinnig.

DF: Wie pflegen Sie die Werte des Unternehmens in allem, was Sie tun?

DL: Jede Institution braucht ihr eigenes Narrativ, ihren eigenen Stammbaum, der erkennen lässt, warum wir was tun. Am Anfang unserer Geschichte steht Levi Strauss, der vor der religiösen Verfolgung in Deutschland in die USA floh. Auf dem Höhepunkt des Goldrausches zog er nach San Francisco, wo er ein Geschäft für Trockenwaren eröffnete, bevor er sich mit einem Schneider namens Jacob Davis zusammentat, um das ultimative Kleidungsstück für Arbeiter zu entwickeln: die Blue-Jeans.

> *»Für mich ist der Lackmustest: Sind Sie bereit, für die Werte, die Ihnen wichtig sind, einzustehen? Und haben Sie den Mut, Vorkämpfer:in zu sein – auch bei Spannungen oder Gegenwind?«*

Er galt gleichermaßen als führender Geschäftsmann und Philanthrop, der sich für die Menschen, Institutionen und Anliegen einsetzte, die ihm am Herzen lagen. Seine Großzügigkeit, seine couragierte Risikobereitschaft und sein Eintreten für Werte sind unser Vermächtnis. Eine Reihe von Meilensteinen in der Geschichte des gesellschaftlichen Engagements von Levi Strauss & Co. dienen uns als Leitsterne. In den Fabriken des Unternehmens in den amerikanischen Südstaaten wurde die Rassentrennung abgeschafft, noch bevor dies 1964 gesetzlich vorgeschrieben wurde. Das Unternehmen führte als erstes einen Verhaltenskodex mit Arbeits-, Sozial- und Umweltstandards für alle Zulieferer ein (1991). Und wir waren auch die Allerersten, die gleichgeschlechtlichen Paaren Sozialleistungen für Lebenspartner:innen anboten.

Für mich ist der Lackmustest: Sind Sie bereit, für die Werte, die Ihnen wichtig sind, einzustehen? Und haben Sie den Mut, Vorkämpfer/in zu sein – auch bei Spannungen oder Gegenwind?

Als Levi Strauss & Co. 1992 beschloss, in Anwendung der Antidiskriminierungsvorschriften des Unternehmens die Möglichkeit für das Matchen von Spenden der Mitarbeitenden an die Boy Scouts of America einzustellen, erhielt das Unternehmen im Rahmen einer von einer konservativen religiösen Organisation organisierten Verbraucherkampagne 130 000 Briefe, die überwiegend negativ waren. Doch das Unternehmen blieb standhaft. Ein Artikel, der einige Jahre später in der *New York Times* erschien, verdeutlichte die Bedeutung dieser Haltung: »Levi Strauss bezieht klar Stellung zur neuen Vielfalt in der Gesellschaft«. In dem Artikel wird erwähnt, dass das konsequente Verhalten des Unternehmens angesichts eines derartigen Verbraucherboykotts beispiellos gewesen sei.[4]

DF: Kommen wir zum Thema soziale Gerechtigkeit. Ich weiß, dass sich sowohl Stiftung als auch Unternehmen in diesem Bereich schon seit vielen Jahren engagieren. Wo geht Ihrer Meinung nach die Reise hin?

DL: Schon das vierte Jahr in Folge stellt die Levi Strauss Foundation eine Million Dollar für einen Rapid Response Fund zur Verfügung, der Organisationen unterstützt, die die bürgerlichen Freiheiten besonders gefährdeter Bevölkerungsgruppen in den

Vereinigten Staaten und im Ausland – darunter Einwanderer, Flüchtlinge, die Transgender-Gemeinde und religiöse Minderheiten – schützen, die im aktuellen unruhigen politischen Klima einer Vielzahl von Bedrohungen ausgesetzt sind. Im Nachgang zur letzten US-Präsidentschaftswahl [Anmerkung der Autoren: dies bezieht sich auf die Präsidentschaft von Donald Trump 2017 bis 2021] wandte sich unser CEO, Chip Bergh, an die Belegschaft. Er wies darauf hin, dass die Zeit gekommen sei, dem Land und der Welt zu zeigen, was es bedeute, ein wertebasiertes Unternehmen zu sein. Ich bin stolz darauf, dass Levi Strauss & Co. seine Stimme und seinen Einfluss bei jenen Themen geltend macht, die uns wichtig sind: Sei es die Unterstützung schutzbedürftiger Einwander:innen oder Muslim:innen, die Anprangerung der unmenschlichen Behandlung von Asylbewerber:innen oder der Einsatz für die Integration von LGBT. Wir kleckern nicht, sondern klotzen für die Gemeinschaften, die uns seit Langem am Herzen liegen. Und wir haben beschlossen, diesen Finanzierungsstrom zum Schutz der Schwachen und Schutzbedürftigen in der Gesellschaft als eine tragende Säule unserer Spendenarbeit zu verankern.

»Wir müssen uns fragen, ob wir unsere Gesellschaft wirklich um den Schutz der Schwächsten herum organisieren und sie in den Mittelpunkt unseres Demokratieprojekts stellen.«

Wir haben dieses Portfolio in »Strategic Response Fund« umbenannt, weil viele unserer Zuwendungsempfänger:innen sich nicht nur für Gruppen einsetzen, die sich im unmittelbaren Spannungsfeld politischer Entscheidungen und Maßnahmen befinden, sondern langfristig etwas proaktiv verändern wollen. Ihre Anstrengungen entsprechen in vieler Hinsicht dem Kern der Marke Levi's: Wir sind am stärksten, wenn wir im Zentrum der Kultur stehen und sie mitgestalten.

Wir müssen uns fragen, ob wir unsere Gesellschaft um den Schutz der Schwächsten herum organisieren und sie in den Mittelpunkt unserer Demokratie stellen. Die Alternativen sind bekannt: Spaltung, Ausgrenzung, Verleumdung, Abschiebung.

In Momenten des Umbruchs melden sich verschiedene Stimmen zu Wort und Allianzen entstehen. Ich habe das Gefühl, dass unsere Spendenempfänger:innen und die Stiftung dem Unternehmen helfen, seine Werte zu leben. Gleichzeitig ertönt die Stimme unseres Unternehmens als Teil eines größeren »Wir« im Chor mit unseren langjährigen Partnern in einer Weise, die meiner Meinung nach unserer Zeit und unserem Vermächtnis gerecht wird.

KAPITEL 4

Merkmal 4:
Ein die gesellschaftliche Verantwortung wahrnehmendes Unternehmen hört zu, bevor es handelt

Unternehmen mit sozialem Verantwortungsbewusstsein hören der Gesellschaft zu, bevor sie Neues umsetzen. Bevor sie etwas unternehmen oder neue Produkte, Dienstleistungen und Lösungen entwickeln, bemühen sie sich aktiv, gesellschaftlichen Nutzen, Auswirkungen und Bedürfnisse zu verstehen.

Wenn Sie verstehen wollen, worum es bei den Themen Ihres gesellschaftlichen Engagements wirklich geht, dann hören Sie anderen zu, die sich mit dem Problem beschäftigen. Ohne Betroffenen zuzuhören, laufen Unternehmen Gefahr, Entscheidungen nur auf der Grundlage anonymer Daten von Expert:innen und Forscher:innen zu treffen. Solche Informationen haben durchaus ihre Berechtigung, können und sollten aber nicht die Anhörung derjenigen ersetzen, die von Ihrem Engagement direkt oder indirekt betroffen sind beziehungsweise denen es zugutekommen soll.

FOKUS

Zuhören ist wichtiger als reden! Diese allgemeine Lebensweisheit gilt auch für Unternehmen mit einem Corporate Social Mind. Dieses Kapitel bietet Antworten auf wichtige Fragen, um Verbraucher:innen, die Gemeinschaft und Partner besser zu verstehen:

- Wie schaffen wir Möglichkeiten, während des gesamten Innovationsprozesses zuzuhören?
- Wie können wir konsistente Daten zu den Reaktionen unserer Verbraucher:innen und der Gesellschaft insgesamt auf unsere Maßnahmen erhalten?
- Welche Möglichkeiten des Zuhörens sollten wir schaffen, um die aktuelle Debatte zu den sozialen Themen zu verstehen, für die wir uns engagieren wollen?

MERKMAL 4 IN DER PRAXIS

In Stadtvierteln in den USA, die als sogenannte Lebensmittelwüsten bezeichnet werden (Viertel ohne Läden mit frischen Lebensmitteln), haben Anwohner:innen aufgrund von körperlichen Behinderungen, fehlenden Transportmöglichkeiten und so weiter keinen Zugang zu gesunden, frischen Lebensmitteln. Der amerikanischen Supermarktkette Kroger fiel in Bezug auf die eigene Arbeit auf, dass es solche Stadtviertel in Louisville im US-Bundesstaat Kentucky gab. Im Jahr 2017 hatten mehr als 116 000 Menschen in der Stadt keinen gesicherten Zugang zu erschwinglichen, gesunden Lebensmitteln.[1] Die betroffene Bevölkerung brauchte einen Supermarkt, der frische Lebensmittel, einschließlich Obst und Gemüse, anbot.

Kroger wusste, dass die Eröffnung von Läden in einigen dieser Viertel schlichtweg nicht machbar war, aber das Unternehmen hörte Betroffene an und führte Gespräche mit Gruppen, die sich in den betreffenden Stadtvierteln engagierten. Daraufhin entwickelte Kroger einen neuen Ansatz, um das Problem der unsicheren Lebensmittelversorgung zu lösen.

»Man braucht nicht unbedingt ein Ladengeschäft, um Menschen den Zugang zu gesunden Lebensmitteln zu ermöglichen«, sagte Erin Grant, Sprecherin der Supermarktkette am Standort Louisville, dem Stadtblatt *Louisville Courier Journal*. »Das muss nicht immer die Lösung sein. Es gibt andere Möglichkeiten.«[2]

In Zusammenarbeit mit einer örtlichen Tafel richtete Kroger einen mobilen Markt ein, der gesündere Lebensmittel direkt in die am stärksten betroffenen Viertel bringt. Auch außerhalb der mobilen Einheit wirbt der Markt überall mit Abbildungen von Obst und Gemüse für die frischen Produkte im Minimarkt. Mehr als 200 Produkte stehen in den Regalen des mobilen Marktes, der über zwei Kühleinheiten mit frischem Fleisch, Milchprodukten, Eiern und vielem mehr verfügt. An der Kasse werden den Kund:innen automatisch die üblichen Supermarktpreise in Rechnung gestellt. Der mobile Markt macht 35 Stopps in 29 Wohnanlagen, wo Menschen mit geringem Einkommen wohnen, an Schulen, Parks und Gemeindezentren. An jedem Standort werden 30 bis 50 Kund:innen bedient, wobei der durchschnittliche Umsatz zwischen 500 und 1000 Dollar liegt.[3]

Bei allen erfolgreichen Projekten von Unternehmen zur Entwicklung neuer Innovationen und zur Förderung sozialer Wirkung zeigt sich deutlich, dass sich die Verantwortlichen die Zeit genommen haben, erst zuzuhören und dann aktiv tätig zu werden. Wenn Sie zuhören, bevor Sie loslegen, können Sie auf kulturelle, ökologische und soziale Einflüsse eingehen, die Ihrem Anliegen entsprechen, und Verbraucher:innen und die Öffentlichkeit motivieren, sich mit Ihnen gemeinsam auf die Reise zu begeben. Das Gleiche gilt für soziale Problemstellungen. Resonanz auf gesellschaftliche Themen entsteht nicht nur durch »nette« Kommunikations- und Marketingmaßnahmen, hinter denen tolle neue

Innovationen stehen. Sie entsteht, weil Unternehmen Möglichkeiten unter Berücksichtigung der jeweiligen kulturellen, sozialen und ökologischen Bedingungen schaffen und diese Aspekte nutzbar machen, um etwas zu bewegen.

Das Zuhören, insbesondere in gesellschaftlich-verantwortungsbewussten Unternehmen mit einem Corporate Social Mind, hat eine wichtige Lern- und Anpassungsfunktion, um Erwartungen von Stakeholder:innen, Aktionären und der Gemeinschaft zu erfüllen oder gar zu übertreffen, indem man auf die Bedürfnisse der betroffenen Zielgruppe eingeht. Konkret bedeutet dies:

- Unternehmen, die den Menschen, für die sie sich einsetzen (und die sie letztlich beeinflussen wollen), achtsam und aufmerksam gegenübertreten, entwickeln ein besseres Verständnis für den passenden Zugang als jene, die sozialen Wandel ohne Einbeziehung der Zielgruppe herbeiführen wollen.

- Menschen, die einbezogen werden, haben das Gefühl, dass ihre Stimme gehört und man sie auf dem Weg zu gesellschaftlichen Veränderungen mitnimmt.

- Um Risiken zu minimieren, vertrauen Unternehmen auf den Input von Mitarbeitenden, wie die Arbeit effizienter, effektiver und sicherer erledigt werden kann.

- Der Prozess des Zuhörens dient dem Beziehungsaufbau zu Stakeholder:innen (soziales Kapital), die für bestehende und künftige Initiativen mit sozialer Wirkung von entscheidender Bedeutung sind.

WIR MÜSSEN JEDEM ZUHÖREN

Nach Mariana Gomes, Mitgründerin der Online-Plattform MUB Cargo, die Menschen und Unternehmen miteinander vernetzt, die eine Ware transportieren müssen, gilt es, drei Perspektiven zu berücksichtigen, wenn man verstehen möchte, was Verbraucher:innen und Öffentlichkeit wirklich wollen: die interne Perspektive, die Datenperspektive und die externe Perspektive. Diese Perspektiven lassen sich für unseren Ansatz des Zuhörens in Unternehmen mit einem Corporate Social Mind anpassen. Dabei stellen sich folgende Fragen:

PERSPEKTIVEN DES ZUHÖRENS FÜR GESELLSCHAFTLICH-VERANTWORTUNGSBEWUSSTE UNTERNEHMEN

INTERNE PERSPEKTIVE

- Was denken unsere internen Teams über unser Produkt beziehungsweise unsere Dienstleistung und warum nutzen Verbraucher:innen es beziehungsweise sie?

- Im CSM-Kontext: Was sind nach Ansicht unserer internen Teams die drängendsten Probleme, zu deren Lösung wir mit unserem Fachwissen etc. einen Beitrag leisten sollten? Auf welche Grundlage stützt sich unser möglicher Handlungsansatz?

DATENPERSPEKTIVE

- Welche Daten liegen uns bereits zu unseren Verbraucher:innen vor und was können wir daraus ableiten?

- Im CSM-Kontext: Was wissen wir über heutige Verbraucher:innen und die sozialen, kulturellen und ökologischen Bedingungen, die ihr Verhalten beeinflussen?

EXTERNE PERSPEKTIVE

- Was sagen unsere Verbraucher:innen, Partner, Lieferanten und andere externe Stellen über unser Produkt beziehungsweise unsere Dienstleistung?

- Im CSM-Kontext: Was berichten unsere Verbraucher:innen, Stakeholder:innen, Anwohner:innen und Partner über die Probleme, die sie aktuell betreffen?

Jede dieser Perspektiven hilft Führungskräften in Unternehmen, die Dynamik zwischen Gesellschaft und Verbraucher:innen sowie wechselseitige Einflüsse zu verstehen. Zusammengenommen vermitteln sie dem Unternehmen ein aktuelles Bild der Bedürfnisse von Verbraucher:innen. So ist es möglich, die Gesellschaft in den Mittelpunkt aller Entscheidungen zu rücken, was sich direkt auf die Chancen für Produkt- und Dienstleistungsinnovationen auswirken kann.

Zwei Unternehmen, die zuerst zugehört und dann gehandelt haben, sind Procter & Gamble (P&G) und die Joghurtmarke Yoplait. Beide Konzerne sind bewusst und vorsichtig in ihr jeweiliges gesellschaftliches Engagement eingestiegen, indem sie zunächst aktiv zuhörten.

- **P&G**: Mit der Werbekampagne »We See Equal« nahm sich P&G des Themas der geschlechtsspezifischen Vorurteile an. Die Multichannel-Kampagne zeigte Mädchen und Jungen, die Geschlechterstereotypen trotzen. Da die Diskussion über Geschlecht und Gleichberechtigung während der amerikanischen Präsidentschaftswahlen 2016 besonders heftig geführt wurde, musste P&G sicherstellen, dass man das Unternehmen nicht als politischen Trittbrettfahrer wahrnahm, und schaltete die Anzeigen deshalb erst nach der Wahl. Eigene interne und externe Untersuchungen hatten gezeigt, dass dies der richtige Schritt war. Mit einer Quote von 45 Prozent bei den Manager:innen und einem Anteil von 33 Prozent bei den weiblichen Vorstandsmitgliedern konnte P&G sein eigenes Engagement für die Gleichstellung am Arbeitsplatz leicht unter Beweis stellen. Die Kampagne wurde als authentisch wahrgenommen und kam bei Kundschaft und Öffentlichkeit gut an.

- **Yoplait**: Um Mütter anzusprechen, beschloss Yoplait, sich in die sogenannte Mom-Shaming-Debatte einzumischen. Dabei geht es darum, dass Müttern oft in belehrendem oder herablassendem Ton erklärt wird, wie man eine gute Mutter zu sein habe. Gleichzeitig mobben Mom-Shamer gern diejenigen, die nicht dem gängigen Klischee entsprechen. In einer Kampagne mit dem Titel »Mom On« lud Yoplait Mütter ein, sich dazu zu äußern, wie es sich anfühlt, wenn andere einen zu Themen wie Stillen, Berufstätigkeit und Alkoholkonsum beurteilen. Die Kampagne vertrat keinen bestimmten Standpunkt, sondern wies lediglich darauf hin, dass es solche Kritik an Müttern gibt. Für Yoplait war dies eine gute Entscheidung, da es dem Unternehmen gelang, die Marke mit ihrer Kernzielgruppe, Müttern, (wieder) in Verbindung zu bringen. Nach einer Analyse von Google führten die Anzeigen zu einem Anstieg des Markeninteresses um 1.461 Prozent.[4]

ZUHÖREN – ABER WIE?

Wenn Sie in Ihrem Unternehmen Entscheidungsträgerin oder Entscheidungsträger im Bereich Marketing oder Social Impact, CSR, Corporate Citizenship sind, haben Sie die Möglichkeit, aktiv Marktforschung durch Zuhören zu betreiben, um die Interessen, Stimmungen und Zwänge von Verbraucher:innen und

Öffentlichkeit in Bezug auf soziale Themen besser zu verstehen. Wenn Ihr Unternehmen bereits Verbraucherstudien durchführt, ist es jetzt an der Zeit, zusätzliche Daten zu Ihrem Förderthema und den Einstellungen von Verbraucher:innen zu sammeln. Dazu eignen sich die folgenden Ansätze:

- **Formale Recherche**: Führen Sie qualitative Analysen (Fokusgruppen, Verbraucher- und öffentliche Panels, Einzelinterviews), quantitative Analysen (Umfragen) und Social-Listening-Analysen durch, um die Wirkung Ihres Unternehmens auf Verbraucher:innen und Gesellschaft zu messen.

- **Feedback-Schleifen**: Entwickeln Sie regelmäßige Feedbackschleifen, die über das reine Kaufverhalten hinausgehen, um (aus Kundensicht) zu verstehen, wie Konsum sich für Ihre Kund:innen in ihrer jeweiligen Situation gestaltet.

- **Beobachten/Zuhören**: Nehmen Sie an Veranstaltungen und Hausbesuchen teil, um die unterschiedlichen Perspektiven einzelner Verbraucher:innen innerhalb Ihrer Zielgruppen auf das gesellschaftliche Engagement Ihres Unternehmens und seine Herangehensweise an soziale Fragen aus erster Hand erleben oder beobachten zu können.

Überlegen Sie sich außerdem, Schlüsseltechniken einzusetzen, um regelmäßig zu erfahren, wie soziale Themen auf die Öffentlichkeit, einschließlich Ihre Kund:innen, wirken:

- Seien Sie stets im Bilde, welche Themen und Probleme Verbraucher:innen, Partner und Orte bewegen, in denen Ihr Unternehmen tätig ist. Das heißt, kontinuierliche Mechanismen für die Datensammlung und Beobachtung zu schaffen, um potenzielle Stolpersteine in Bezug auf Innovationen,

Produktentwicklung und soziales Engagement aktiv aus dem Weg zu räumen.

- Planen Sie bewusst Gespräche mit Stakeholder:innen und Feedback-Sitzungen und sammeln Sie Informationen. Wenn Sie für solche Interaktionen konkrete Zeit einplanen, ist Ihr Unternehmen besser auf den kontinuierlichen, sensiblen und längerfristigen Dialog vorbereitet.

- Beziehen Sie verschiedene Stakeholder:innen, Verbraucher:innen und Mitarbeiter:innen in die Anhörungen ein und achten Sie dabei auf Vielfalt. Jede Person bringt ihre eigenen Vorurteile in Gespräche, Umfragen und so weiter ein. Stellen Sie sich deshalb auf andere Standpunkte ein.

- Überlegen Sie, fortlaufend oder wiederholt Umfragen durchzuführen beziehungsweise an Konferenzen oder an Debatten zu Ihrem Förderthema teilzunehmen. Entscheidend ist an dieser Stelle, Präsenz zu zeigen, ohne sich einzumischen. Nutzen Sie Ihre Zeit, um zuzuhören, statt selbst das Wort zu ergreifen.

- Wenden Sie konsequent Zuhör- und Feedback-Techniken an – digital und persönlich. Dafür gibt es viele neue Methoden, genauso wie für Recherchezwecke. Berücksichtigen Sie digitale Möglichkeiten (Online-Interviews, Fokusgruppen und so weiter). Wenn Ihre Mittel begrenzt sind, stützen Sie sich zusätzlich auf persönliche Beobachtung, Gespräche und Fokusgruppen.

- Berichten Sie der Öffentlichkeit regelmäßig über Erkenntnisse, die Sie durch Zuhören und die Beobachtung der Wirkung Ihrer Maßnahmen zu einem gesellschaftlichen Thema gewonnen haben. Helfen Sie der Öffentlichkeit zu verstehen, welche Meilensteine Sie erreicht haben und was Sie als Nächstes mit Ihren Mitteln erreichen wollen. Wenn Sie anderen verständlich machen, was Sie tun und wo Sie Ihre Schwerpunkte setzen, können Sie auf einfache Weise Partner für die Unterstützung Ihrer Bemühungen gewinnen.

Vielleicht beobachtet Ihr Unternehmen bereits die sozialen Medien und führt regelmäßig Umfragen durch. Aber das ist nicht dasselbe wie *zuhören,* wie die folgende Geschichte illustriert.

HÖREN IST NICHT GLEICH ZUHÖREN

Nach einem Kick-off-Meeting mit einem neuen Firmenkunden, der sich mit dem Thema Waffengewalt in den USA befassen wollte, fragten wir, ob wir ihn auf eine Exkursion der anderen Art mitnehmen könnten.

Das Unternehmen hatte sich schon im Vorfeld bemüht, Expert:innen und Journalist:innen, die landesweit über das Thema berichteten, sowie Wissenschaftler:innen einzuladen, die mit den von uns empfohlenen Methoden beeindruckende Studien durchgeführt hatten. Die Führungskräfte des Unternehmens beteuerten stolz: »Wir haben das Gefühl, dass wir nach unserer gerade abgeschlossenen Zuhör-Tour bestens Bescheid wissen.«

Aus ihrer Sicht hatten sie alles Nötige getan, um eine tragfähige Strategie zu entwickeln. Doch während sie von den Fachleuten, mit denen sie sich umgaben, viel gelernt hatten, hatten weder das Marketingteam noch die Mitarbeiter:innen der CSR-Abteilung jemals mit einer Person gesprochen, die tatsächlich von dem Problem betroffen war. Ihre Zuhör-Tour bestand aus Gesprächen *über* das Thema, aber niemand im Unternehmen hatte sich unmittelbar mit den sozialen, kulturellen und ökologischen Perspektiven beschäftigt, um wirklich zu verstehen, wie das Thema den Alltag von Menschen beeinflusst.

Im Ergebnis konnten die Führungskräfte zwar Statistiken herunterbeten, waren aber nicht in der Lage, die Zielgruppe wirksam anzusprechen. Dies ist kein ungewöhnliches Phänomen. Im Zeitalter von Technik und Informationsflut ist es leicht, sich Wissen über ein Thema anzueignen. Aber um Einstellungen und Verhaltensweisen wirklich zu verstehen, muss man auf traditionellere Formen der Informationsbeschaffung zurückgreifen: Dazu braucht es Augenzeugenberichte von Betroffenen.

Im Gegensatz zu der »Zuhör«-Tour, die das Unternehmen veranstaltet hatte, stand im Rahmen der von uns geplanten Exkursion ein Besuch bei drei Familien auf dem Plan, die von dem Problem betroffen waren, für das das Unternehmen sich engagieren wollte. Die Marketingexpert:innen hörten aus erster Hand von den Menschen in ihrem häuslichen Umfeld und beobachteten jede einzelne Person – einschließlich ihrer Mimik und Gestik –, während sie erzählte. Auf diese Weise konnten sie die Informationen, die sie zuvor erhalten hatten, wirklich verstehen und ihnen ein menschliches Gesicht geben. Im Ergebnis waren sie durch diese Intervention in der Lage, emotionale Geschichten zu erzählen und Entscheidungen zu treffen, die auf authentischen, menschlichen Informationen beruhten.

Wenn Sie Ihre Zugänge zu sozialen Themen entwickeln und weiterentwickeln (was passiert, wenn sich Ihre Kund:innen und die Öffentlichkeit mit Problemen in Echtzeit befassen), denken Sie daran, richtig zuzuhören: Versetzen Sie sich in die betroffenen gesellschaftlichen Gruppen hinein. Verstehen Sie die Zusammenhänge und Wirkgefüge des Themas für Ihre Verbraucher:innen. Dies ist nicht nur wirtschaftlich sinnvoll, sondern stärkt eine an sozialen Fragen orientierte Haltung im Unternehmen.

MERKMAL 4:
Design- und Innovationsfragen

Stellen Sie sich die folgenden Fragen, wenn Sie Möglichkeiten entwickeln wollen, um Daten und Einsichten zum Engagement Ihrer Verbraucher:innen und der Öffentlichkeit in Bezug auf soziale Themen zu sammeln:

- Wie können wir im Rahmen der Innovations- und Produktentwicklung Betroffenen in Bezug auf soziale Fragen und individuelle Umweltbedingungen zuhören?
- Welcher Ansatz eignet sich, um kohärente Erkenntnisse zu sozialen Problemen zu gewinnen, die Verbraucher:innen und unsere Zielgruppe(n) betreffen?
- Wie nutzen unsere internen und externen Stakeholder:innen die Daten für ihre Arbeit?

INTERVIEW

Jennifer Foyle, Aerie

»Wir haben es uns zur Aufgabe gemacht, weibliches Empowerment und ein inklusives Körperbild zu fördern. Auf diesem Weg hat die Marke Aerie eine neue Ära der Authentizität, der Echtheit eingeläutet, die die Energie echter, unretuschierter Frauen freigesetzt hat.«

JEN FOYLE beschreibt, wie Aerie, eine US-Modemarke für Frauen, es wagte, seine Plattform zu nutzen, um aufzuzeigen, dass die Schönheitsstandards für Mädchen und Frauen künstlich geschaffen sind. In diesem Interview erzählt sie, warum sie so sehr daran glaubt, ein Team von innen heraus aufzubauen, das die Marke und die Mission weiterentwickelt, und wie ihr das bei Aerie gelungen ist.

Derrick Feldmann: Kannst du deine Rolle bei Aerie beschreiben und wie du dich mit sozialen Themen auseinandersetzt?

Jen Foyle: Seit 26 Jahren habe ich eine ziemlich erfolgreiche Karriere im Einzelhandel hinter mir. Ich habe diesen Job bei Aerie im Jahr 2010 angenommen und es war ein Akt aus Leidenschaft. Der magische Moment kam im Jahr 2014. Aerie entwickelte dieses fantastische Produkt und wir hatten ein Team, das mit ebensolcher Leidenschaft diese Marke weiterentwickeln wollte. Wir sind hier, wir machen das. Zudem kam die Frage auf: Was können wir noch für unsere Kund:innen tun? Daraufhin präsentierte mir das Kreativteam ein unglaubliches Konzept.

Ich checkte gerade ein Bodenset und das In-Store-Marketing, als mein Team sagte: »Wir wissen nicht, ob es dir aufgefallen ist, aber diese Models wurden nicht geairbrushed.« Das war der »Wow«-Moment. Wenn ein Model ein Profimodel ist, warum sollte man sie dann mit Airbrush bearbeiten? Also haben wir eine riesige Kampagne rund um diese Idee von echter, unretuschierter Schönheit entwickelt. Und jetzt ist aus dieser kleinen Idee so viel mehr geworden – es ist eine Bewegung.

Die Entwicklung von #AerieREAL macht den Markenauftritt und die Verbindung zu unseren Kund:innen so magisch. Letztes Jahr haben wir zum Beispiel unsere Kund:innen gebeten, Videos und Geschichten für die Herbstkampagne 2018 einzureichen. Das war so emotional und speziell. Am Ende erhielten wir mehr als 1800 Einsendungen, die eine unglaubliche Anzahl von Frauen jeden Alters und mit einzigartigen Geschichten repräsentierten – Überlebende von Brustkrebs, junge Mütter, Mädchen, die an Diabetes leiden, und Menschen mit besonderen Bedürfnissen. Das war bemerkenswert. Wir haben es uns zur Aufgabe gemacht, das weibliche Empowerment und ein inklusives Körperbild zu fördern – und auf diesem Weg hat die Marke Aerie eine neue Ära der Authentizität eingeläutet, die die Kraft echter, unretuschierter Frauen freigesetzt hat.

Ich bin stolz darauf, dass Aerie eine Vorreiterin in Sachen eines positiven Körperbildes und Inklusion ist. Wir erleben gerade einen gesellschaftlichen Wandel, vor allem in der Modeindustrie. Ich denke, wir sind es allen Frauen und unseren Kund:innen schuldig, mehr zu tun. Wir wollen, dass Frauen sich in ihrem wahren Ich wohlfühlen. Es gibt sicherlich noch viel zu tun und wir bei Aerie wissen, wie wichtig es ist, die stereotypen Schönheitsnormen infrage zu stellen – was unseren Kund:innen eine Stimme gibt.

DF: Hat sich Aerie davor schon mit anderen sozialen Themen beschäftigt?

JF: Nein. Wir hatten gerade erst begonnen, die Marke aufzubauen, und die Einführung von #AerieREAL im Jahr 2014 war für so viele Menschen einschneidend. Meine Tochter war damals sieben Jahre alt und als wir eines Tages vor dem Spiegel standen, fragte sie: »Mama, bin ich schön?« Das Bedürfnis meiner Tochter, mir diese Frage überhaupt zu stellen, war ernüchternd. Mir ging ein Licht auf. Mein Privatleben und meine Arbeit berührten sich auf diese zutiefst persönliche Weise, und ich wusste, dass ich nicht allein war. Ich wusste, dass die Marke Aerie etwas ganz Besonderes war.

DF: Gab es intern Widerstände gegen diese Richtung? Und Sie sind eine US-weite Modemarke, richtig? Sie erreichen Menschen in allen Teilen des Landes, in der ganzen Welt. Wie war die Reaktion der Verbraucher:innen?

JF: Der Marke Aerie wurde so viel Spielraum für Erfolg gegeben. Als wir intern die Idee vorstellten, auf die Retusche zu verzichten, sagte das Führungsteam einfach: »Es ist an der Zeit«.

Die vielen positiven Geschichten, die wir täglich von unseren Kund:innen hören, sind eine ständige Erinnerung daran, dass die Marke Aerie wirklich dazu beiträgt, das Selbstverständnis junger Mädchen und Frauen zu verändern.

DF: Haben Sie auf dem Weg dorthin jemals etwas gelernt, das Sie dazu gebracht hat, die Kampagne oder die Initiative insgesamt zu ändern?

JF: Bei Aerie geht es darum, den Status quo infrage zu stellen und sich niemals zufriedenzugeben. Wir entwickeln uns immer weiter, aber wir haben gelernt, dass wir die DNA unserer Marke schützen müssen. Wir sind ehrlich zu unseren Kund:innen, aber vor allem zu uns selbst. Wir geben niemals nach. Keine Retusche. Nur Selbstvertrauen und Selbstbewusstsein, denn wir wollen, dass sich jeder innerlich und äußerlich selbstbewusst fühlt.

DF: Wie hat die Non-Profit-Szene darauf reagiert, dass sich eine Marke so engagiert wie ihr?

JF: Unser erstes #AerieREAL Role Model war Iskra Lawrence. Sie hat als Model selbst schon so viel durchgemacht. Die Irrungen und Wirrungen, die sie erfahren musste – angefangen damit, dass man ihr sagte, sie sei zu dünn, um als Plus Size Model klassifiziert werden zu können, bis hin zur der Einstufung »übergewichtig« (was lächerlich ist), dem Versuch, in eine Kleidergröße zu passen, die nicht realistisch war, bis hin zu einer Essstörung. Gemeinsam haben wir daran gearbeitet, konventionelle Schönheitsstandards infrage zu stellen, Selbstvertrauen aufzubauen und die einzigartigen Qualitäten zu feiern, die uns alle schön machen.

Inspiriert von Iskras Erfahrung und Leidenschaft arbeitet Aerie seit 2015 mit der National Eating Disorders Association (NEDA) zusammen, um die Stigmatisierung von Essstörungen zu verringern und ein positives Körperbild zu stärken. Wir haben auch eine langjährige Partnerschaft mit Bright Pink, einem Präventions- und Aufklärungsprogramm, das die Früherkennung von Brust- und Eierstockkrebs bei jungen Frauen fördert. Es ist unglaublich befriedigend zu wissen, dass durch diese beiden Organisationen Millionen von Frauen in unserer #AerieREAL-Community die Chance bekommen haben, proaktiv und bewusst mit ihrer Gesundheit umzugehen und die Bedeutung von Selbstfürsorge und Selbstliebe zu erkennen.

DF: Wenn du ein oder zwei Dinge benennen müsstest, die zusammenfassend deiner Meinung nach #AerieREAL so erfolgreich machen, welche wären das?

JF: Wir haben ein Team von innen heraus aufgebaut – ein Team mit so viel Leidenschaft. Sie leben und atmen #AerieREAL. Sie glauben an die Mission von Aerie, kreieren unglaubliche Produkte, damit sich unsere Kund:innen wohlfühlen – innerlich wie äußerlich –, und sie wissen, dass wir gerade erst am Anfang stehen. Jeder, der mit der Marke Aerie in Berührung kommt – von unseren Mitarbeiter:innen im Unternehmen über unsere Ladenteams bis hin zu unseren Kund:innen – jeder ist ein Teil dessen, was diese Marke geworden ist, und hilft dabei, die Zukunft von Aerie zu gestalten. Es ist wichtig, den Blick nach vorne zu richten und nicht zurückzuschauen.

DF: Viele Menschen versuchen, sich mit sozialen Themen zu befassen, vor allem angesichts des heutigen gesellschaftlichen Klimas. Ihr habt euch eines potenziell kontroversen Themas angenommen. Welchen Rat würdest du jemandem geben, der seine Marke in ein solch potenziell kontroverses Thema einbringen möchte?

JF: Die Kund:innen von heute erkennen einen Schwindler auf eine Meile Entfernung. Man muss von innen heraus engagiert sein. Bei Aerie fragen wir uns ständig, was wir noch tun könnten und ob das, was wir tun, echt ist, denn die Kund:innen merken sofort, wenn es nicht authentisch ist.

Eine großartige Idee muss von einer gewissen Leidenschaft getragen werden – es braucht die Leidenschaft von mehr als einer Person. Und ein ganzes Team für eine soziale Sache zu gewinnen, bedeutet endlose Arbeit, Tag für Tag. Es ist ein Job im Job. Du solltest dir absolut sicher sein, dass du das auch tun willst.

DF: Hat deine Arbeit an #AerieREAL deine Sichtweise auf andere Marken verändert, die sich für soziale Belange engagieren?

JF: Ich fühle mich geschmeichelt, dass andere in die Fußstapfen von Aerie getreten sind, was eitel klingt, aber das ist nicht meine Absicht. Andere Marken, die das Gespräch über Inklusivität weiterführen, unterstützen unsere Mission. Gleich gesinnte Marken und Führungspersönlichkeiten können wirksame Veränderungen bewirken und eine Welt schaffen, in der sich alle Menschen vertreten und einbezogen fühlen.

DF: Wie sieht die Zukunft von #AerieREAL aus? Was würdet ihr gerne als Nächstes erreichen?

JF: Das ist mehr als nur ein Job. Irgendwann in meiner Karriere habe ich gemerkt, dass ich erfolgreich sein will, dass ich gut sein will, aber ich kann nicht nur »ich« allein sein. Ich möchte in einem Team arbeiten, das immer auf der Suche nach dem nächsten Fenster oder dem nächsten Raum ist, um neue Ideen und neue soziale Ereignisse aufzugreifen oder neue Wege zu finden, wie wir zur Lösung neuer Probleme beitragen können.

Aber was kommt als Nächstes? Ich meine, wir haben noch so viel mehr zu tun! Nachhaltigkeit ist für das Aerie-Team unglaublich wichtig. Es gibt viel zu tun in Bezug auf Stoffe, Herstellung, Verpackung … Die Liste ist lang und ich möchte sie gerne in Angriff nehmen, denn es liegt an uns allen, unseren Teil dazu beizutragen, eine bessere Welt für zukünftige Generationen zu schaffen.

KAPITEL 5

Merkmal 5: Ein die gesellschaftliche Verantwortung wahrnehmendes Unternehmen setzt seine Stimme für soziale Belange ein

Neben Transparenz ist eine authentisch geäußerte Meinung zu gesellschaftlichen Themen entscheidend, damit Kund:innen und Stakeholder:innen die Einstellungen und Werte eines Unternehmens verstehen. Um zu einem Thema Position zu beziehen, ist es nicht unbedingt notwendig, dass ein konkreter Zusammenhang mit einem Produkt besteht. Es reicht, dass das Thema Menschen an den Standorten des Unternehmens betrifft.

Unternehmen, die sich heute für gesellschaftliche Veränderungen starkmachen, bietet sich eine Chance: Unter Verbraucher:innen und in der Öffentlichkeit herrscht große Bereitschaft, sich zu engagieren, aber dieser Einsatz ist an bestimmte Erwartungen im Hinblick auf Intentionalität, Authentizität und Inklusivität geknüpft.

Ein sozial engagiertes Unternehmen sollte authentisch zu Problemen Stellung nehmen, aber nicht die Meinungsführerschaft übernehmen. Es sollte seine Stimme einsetzen, um ein besseres Verständnis für ein Problem zu schaffen. In der Kommunikation kommt es deshalb auf Authentizität, Genauigkeit und Transparenz an. Dank dieser Formel können Sie Verbraucher:innen ein stimmigeres Bild von *Ihrem Unternehmen* und der *gesellschaftlichen Herausforderung* vermitteln.

FOKUS

Der Einsatz der eigenen Stimme erfordert ein bewusstes strategisches Vorgehen, insbesondere dann, wenn ein Unternehmen gegenüber der Öffentlichkeit ehrlich und authentisch auftreten will. In diesem Kapitel geht es deshalb um folgende Fragen:

- Wann sollten wir das Engagement anderer in der Gesellschaft unterstützen und unsere Stimme für ein Thema einsetzen?
- Welche Möglichkeiten hat das Unternehmen, zu einem Thema Stellung zu beziehen und dabei seinen Werten und Überzeugungen treu zu bleiben?
- Wie treten wir in den öffentlichen Diskurs zu einem bestimmten gesellschaftlichen Thema ein?

Von kleinen Familienbetrieben bis hin zu Großkonzernen entscheiden sich Unternehmen immer wieder dafür, Position zu beziehen und sich zu gesellschaftlichen Themen zu äußern. Hier einige Beispiele.

SALESFORCE: GEGEN DISKRIMINIERUNG AUFGRUND SEXUELLER ORIENTIERUNG

Im Jahr 2015 stand der damalige Gouverneur von Indiana, Mike Pence, kurz davor, das Gesetz zur Wiederherstellung der Religionsfreiheit, den Religious Freedom Restoration Act (RFRA), zu unterzeichnen. Das Gesetz hätte es Unternehmen erlaubt, Menschen aufgrund ihrer sexuellen Orientierung zu diskriminieren. Marc Benioff, CEO von Salesforce, war bewusst, dass seine in Indiana ansässigen Mitarbeiter:innen und Kund:innen davon betroffen wären. Er gehörte zu den vielen Kritikern des Gesetzes, die jedoch von der Mehrheit der Parlamentsabgeordneten des Bundesstaats ignoriert wurden.

Am Tag, bevor der Gouverneur das RFRA-Gesetz unterzeichnen sollte, beschloss Benioff, ungeachtet aller Risiken das ganze Gewicht seines globalen Unternehmens in die Waagschale zu werfen, um eine Sache zu verteidigen, von der er fest überzeugt war.

Zunächst erklärte er, das beträchtliche Volumen, das Salesforce in Indiana investiert hatte, zurückzufahren. Als Pence das Gesetz dennoch unterzeichnete, kündigte Benioff über Twitter an, sämtliche Unternehmensprogramme zu streichen, die Kund:innen oder Mitarbeiter:innen dazu verpflichteten, nach Indiana zu reisen – ein Tweet, der 9800 Mal geteilt und 8300 Mal gelikt wurde. Da sich Pence noch immer nicht bewegte, sicherte Benioff seinen Angestellten in Indiana ein Umzugspaket zu, sollten sie in einen anderen Bundesstaat wechseln wollen.

Salesforce brachte sich in die landesweite Debatte rund um dieses Vorkommnis ein und machte sich für die Rechte der LGBTQ-Gemeinde stark. Vor diesem Hintergrund wurden auch andere große in Indiana tätige Unternehmen aktiv: Angie's List legte eine geplante Expansion auf Eis, die Gen Con, ein Festival, das über 60 000 Menschen in die Hauptstadt des US-Bundesstaates lockt, ließ wissen, dass man einen Standortwechsel in Betracht ziehe, Yelp versprach, nach Möglichkeit keine Niederlassungen in Staaten mit ähnlichen Gesetzen zu eröffnen, ein Mitgründer von PayPal forderte seine Kolleg:innen in Geschäftsführerpositionen auf, ihre Geschäftsbeziehungen zu Indiana zu überdenken. Die Unterstützung durch einflussreiche Personen und Unternehmen nahm zu, ebenso wie die weltweite Medienberichterstattung.

Am Ende lohnte sich der Druck. Am 2. April, nur sieben Tage nach Unterzeichnung des ursprünglichen Gesetzes, unterzeichnete Pence eine neue, von der Legislative verabschiedete Vorschrift, nach der das RFRA-Gesetz keine Diskriminierung aufgrund der sexuellen Identität oder Orientierung zulässt.

SIEMENS: EINE LÖSUNG FÜR FLÜCHTLINGE UND ERHÖHTE ANFORDERUNGEN AN STÄDTISCHE INFRASTRUKTUR

Im Jahr 2015 war Deutschland das europäische Land, das im Vergleich die meisten Flüchtlinge aus Afrika, Asien und dem Nahen Osten aufnahm. Zeitweise kamen damals bis zu 10 000 Menschen pro Tag an: müde, hungrig, ohne ein Dach über dem Kopf und ohne ausreichende Deutschkenntnisse, um sich zu verständigen.

Wie viele andere Unternehmen in Deutschland wollte Siemens mehr tun, als Flüchtlingslager oder Tafeln zu unterstützen. Dem Unternehmen war klar, dass die Flüchtlinge Angebote brauchten, um auf eigenen Füßen zu stehen. Deshalb schuf Siemens Praktikums- und Ausbildungsprogramme für Asylbewerber:innen. Durch praktische Arbeitserfahrung, sprachlichen Förderunterricht und ein berufsvorbereitendes Training im Bereich Mechanik und Elektronik gelang es Siemens, die Teilnehmer:innen in Lehrlingsausbildungen zu vermitteln. Mitarbeiter:innen engagierten sich ehrenamtlich als Kommunikationsbotschafter, führten Spendenaktionen durch, öffneten Betriebssportanlagen für Flüchtlingsfamilien und organisierten einen Shuttlebus für den Transport.

Aber Siemens beließ es nicht dabei. Das Unternehmen erkannte, dass einige deutsche Städte Schwierigkeiten haben würden, den massiven Zustrom an neuen Zuwanderern zu bewältigen, weil ihre Infrastruktur für kleinere Bevölkerungszahlen mit anderen Bedürfnissen ausgelegt war. Erschwerend kam hinzu, dass die betroffenen Städte nur begrenzten Zugang zu Geldmitteln und Finanzierungen hatten. Einigen fehlten selbst die grundlegenden rechtlichen Rahmenbedingungen für die Investitionen in Kapitalmärkte. Siemens tat sich mit PwC und Berwin Leighton Paisner zusammen, um »eine effektive, effiziente und nachhaltige städtische Infrastruktur aufzubauen, in der wirtschaftlicher Erfolg erwachsen kann«.[1]

Ziel der Partner war es, durch Verbesserung von Infrastrukturen in den Bereichen Verkehr und Mobilität, Energie, Wasserversorgung und Abwasserentsorgung sowie die Schaffung eines sicheren Umfelds »investitionsbereite Städte« zu schaffen.

AD COUNCIL UND UNTERNEHMENSPARTNER: WIE DIE KAMPAGNE »LOVE HAS NO LABELS« WAHRNEHMUNG VON VIELFALT UND INKLUSION IN DER US-GESELLSCHAFT VERÄNDERTE

Im Jahr 2015 gehörten Spaltung, Vorurteile und Diskriminierung zu den drängendsten Problemen in den USA. Die Zahl der Hassverbrechen schnellte im Vergleich zu den Vorjahren in die Höhe. Der Oberste Gerichtshof der USA sollte zu dieser Zeit über die Anerkennung der gleichgeschlechtlichen Ehe entscheiden. Viele Gruppen fühlten sich zunehmend ausgegrenzt und bedroht. Für die meisten Amerikaner:innen war das ein Thema, dem sie vermeintlich vorurteilsfrei gegenüberstanden, weil sie sich selbst weder als Teil des Problems betrachteten noch erkannten, dass sie Teil der Lösung sein könnten, wenn sie aktiv auf Randgruppen zugingen und ihnen ein Leben in der Mitte der Gesellschaft ermöglichen würden.[2] In dem Bemühen, Akzeptanz und Inklusion unabhängig von Rassenzugehörigkeit, Alter, Geschlecht, sexueller Orientierung, Fähigkeiten und Religion zu fördern, startete der gemeinnützige Ad Council, ein Kompetenzzentrum für soziale Kampagnen, das von der amerikanischen Werbe- und Medienindustrie unterstützt wird, 2015 die Kampagne »Love Has No Labels«. Der Eröffnungsfilm der Kampagne zeigte einen Röntgenbildschirm, auf dem man nicht erkennen konnte, wer die Menschen waren, die sich umarmten, tanzten und küssten. Das Publikum malte im Kopf sein eigenes Bild von Freundschaft, Liebe und Familie. Als sich die Paare später zeigten, wurden die Zuschauer mit ihren individuellen Vorurteilen konfrontiert, denn in jeder Beziehung begegneten sich Menschen unterschiedlicher Religionen, Rassen, mit Behinderungen und so weiter. Sie verdeutlichten den Zuschauer:innen, dass man Liebe nicht in Schubladen stecken kann. In nur wenigen Monaten wurde das Video der Kampagne über 110 Millionen Mal angesehen und sorgte dafür, dass sich Einstellungen und Verhaltensweisen rund um die Themen Vielfalt und Inklusion allmählich änderten.

Die Kampagne schlug auch dank der beispiellosen Zusammenarbeit namhafter Firmen wie The Coca-Cola Company, PepsiCo, P&G, Unilever, Allstate, State Farm, Bank of America, Wells Fargo, Budweiser, Google und Johnson & Johnson weitere Wellen. Über die Jahre haben sich diese führenden Marken solidarisch zusammengeschlossen, um die Kampagne zu unterstützen und die Plattform »Love Has No Labels« als Möglichkeit zu nutzen, sich online und offline über Social Messaging, die Erstellung individueller Inhalte, die Einbindung von Mitarbeiter:innen, Veranstaltungen und vieles mehr aktiv zu engagieren.

DICK'S SPORTING GOODS: STELLUNG BEZIEHEN ZUR WAFFENSICHERHEIT

Am Valentinstag 2018 tötete ein Amokläufer 17 Schülerinnen und Schüler an einer Schule in Parkland im US-Bundesstaat Florida. Keine zwei Wochen später kündigte der Geschäftsführer von Dick's Sporting Goods, Edward Stack, an, dass in den Filialen von Dick's sowie in Field-&-Stream-Läden keine Sturmwaffen und Hochleistungsmagazine mehr verkauft werden würden und man auch den Verkauf von Waffen an Personen unter 21 Jahren einstellen werde. Stack erklärte, der Aktivismus der Schülerinnen und Schüler in Parkland nach der Schießerei hätte ihn inspiriert. Auch er wollte dazu beitragen, eine landesweite Diskussion über Waffensicherheit anzuschieben. Das war ein mutiger Schritt für den größten Sportartikelhändler der USA.

MERKMAL 5 IN DER PRAXIS

Diese Geschichten zeigen, welchen Einfluss Unternehmen ausüben können, wenn sie ihre Stimme und Plattform für ein gesellschaftliches Thema einsetzen, das ihnen am Herzen liegt. In allen Beispielen mussten neben dem potenziellen Gewinn für die Sache auch geschäftliche Erwägungen in Betracht gezogen werden. Alle Unternehmen trafen die Entscheidung, sich auf sinnvolle Weise zu engagieren, und setzten Zeit, Geld und Ansehen für ihre Überzeugungen ein.

Sie erkannten eine Notwendigkeit und fragten sich: »Wofür stehen wir als Unternehmen?«

WÄHLEN SIE IHRE STIMME

Wie die obigen Beispiele zeigen, stellt Corporate Social Impact Work (CSR/ESG), das wirksame gesellschaftliche Engagement von

Unternehmen, eine bewusste Geschäftsstrategie zur Erreichung sozialer, politischer und/oder kultureller Ziele dar. Wenn Unternehmen als verantwortungsbewusste Akteure auftreten wollen und sollen, müssen wir die Weichen bewusst in diese Richtung stellen. Das Ziel kann dann nicht nur eine stärkere Kundenbindung sein.

Nicht jedes Unternehmen muss wie Dick's Sporting Goods handeln. Die Firma musste Umsatzeinbußen hinnehmen, nachdem es die betreffenden Waffen aus dem Sortiment nahm, aber es blieb seinen Überzeugungen treu. Unternehmen und ihre Führungskräfte können mit ihrer Stimme eine von drei Rollen spielen, um ein Anliegen voranzubringen:

Hauptdarsteller:in: Nutzen Sie Ihre gesamte Unternehmensplattform, um Veränderungen voranzutreiben.

Nebendarsteller:in: Tragen Sie mit Ihrem Wissen und Ihrer Unterstützung zur Lösung bestehender Probleme bei, wo es dringend benötigt wird.

Statist:in: Bringen Sie Ressourcen ein, nutzen Sie das Gewicht Ihres guten Rufes und bieten Sie andere Formen der Unterstützung an, ohne selbst Ihre Stimme einzusetzen.

Sie sind Teil der Kommunen, Märkte und Gesellschaften, in denen Sie tätig sind und in denen Ihre Mitarbeiter:innen, Kund:innen, Lieferanten und Partner leben und arbeiten. Sie erwarten Verantwortung von diesen Gruppen. Und Sie tragen Verantwortung, sich für diejenigen einzusetzen, die dazu selbst nicht in der Lage sind.

Sich für andere starkzumachen und Menschen zu helfen, ihrer Stimme Gehör zu verschaffen, ist ein Ausdruck von Authentizität, der Ihren Zielgruppen hilft, die Werte Ihres Unternehmens zu verstehen, zu würdigen und sich damit zu identifizieren.

Wenn Sie Ihre Stimme einsetzen, um sozialen Wandel zu bewirken, kann dies ein enormer Gewinn für eine Sache sein. In Verbindung mit anderen Mitteln können Sie so manchmal Berge versetzen.

Die folgenden sechs Ansätze ermöglichen Unternehmen, sich authentisch und strategisch sinnvoll für gesellschaftliche Veränderungen einzusetzen.

SECHS SINNVOLLE MÖGLICHKEITEN, UM MIT AUTHENTIZITÄT WIRKUNG ZU ERZIELEN

1. ZUHÖREN

Hören Sie unbedingt zu, wenn es in Gesprächen um Ihr soziales Anliegen geht, und versuchen Sie zu verstehen, worum es genau geht. Nur wer informiert ist, kann angemessen und authentisch handeln. Während Sie zuhören, überlegen Sie, welche Rolle Ihr Unternehmen spielen kann, um Wirkung zu erzielen: als Teilnehmer am Tisch, als treibende Kraft bei einem Thema oder als Organisator.

2. DABEI SEIN UND MITMISCHEN

Hören Sie zu, aber gehen Sie auch auf die Menschen zu, die sich für Veränderungen engagieren, und treffen Sie jene, denen die Arbeit zugutekommt. Versuchen Sie zu verstehen, wie engagierte Leader, Stakeholder:innen und Organisationen Veränderungen herbeiführen und was es tatsächlich braucht, um das Leben der Menschen zu verbessern, für die Sie sich letztlich starkmachen wollen. Überlegen Sie, wie Sie die Stimme Ihres Unternehmens einsetzen können, um die drei Aspekte des Issue-Managements zu fördern: öffentliches Bewusstsein, öffentliche Akzeptanz und öffentliches Handeln.

3. DIE RICHTIGEN WORTE FINDEN

Zu wissen, in welcher Sprache über ein Thema gesprochen wird, welche Befindlichkeiten und Knackpunkte es gibt, kann hilfreich sein, um später wirksam zu kommunizieren und schon im Vorfeld zu entscheiden, welchen Standpunkt Sie bei hochbrisanten Themen einnehmen wollen. In diesem Bereich können die Ressourcen und Erfahrungen Ihres Unternehmens eine enorme Rolle spielen. Darüber hinaus kann ein umfassendes Verständnis des Hintergrunds, des aktuellen Stands und der künftigen Entwicklung einer gesellschaftlichen Problemlage dazu beitragen, dass Sie den Diskurs nicht dominieren, sondern das Thema auf den Punkt bringen.

4. HALTEN SIE DEN BALL FLACH(ER)

Seien Sie sich der Sichtbarkeit Ihres Unternehmens bewusst. Denken Sie aber auch daran: Bei Ihrem Engagement geht es nicht um Ihr Unternehmen, sondern um die Menschen und/oder die Umwelt, denen geholfen wird. Selbst wenn Ihre Aktivitäten Ihrem Unternehmen zugutekommen oder einer Sache nachweislich zuträglich sind, achten Sie darauf, wem die Lorbeeren gebühren. Sie erzielen die größten Erfolge, wenn sich Unterstützer:innen, Verbraucher:innen und die Öffentlichkeit direkt mit denjenigen verbunden fühlen, denen Sie helfen – ohne dass Sie dabei im Weg stehen. Erstellen Sie Pläne für die aktive Nutzung der Beziehungen, Medien und Kommunikationskanäle des Unternehmens in Verbindung mit anderen Fördermethoden wie Finanzspenden, Personalressourcen und Zeit.

5. MUTIG SEIN

Als Mitglied der Gesellschaft ist es Ihre Aufgabe, sich für Menschen einzusetzen, die dazu selbst nicht in der Lage sind. Das heißt: sich sowohl in guten und langweiligen als auch in schlechten und turbulenten Zeiten zu engagieren. Unternehmen müssen sich mutig für eine Sache einsetzen, um den Erwartungen vor allem der jüngeren Bevölkerung nach Authentizität und Transparenz entgegenzukommen. Auf Fakten gestützte konsequente Courage vermittelt ein Gefühl von Authentizität, dem andere mit Respekt, Vertrauen und Aktivismus begegnen.

6. AUFRUF ZUM HANDELN

Heutzutage reicht es nicht, wenn Unternehmen ihre Konsument:innen in der westlichen Welt bitten, doch ihr gesellschaftliches Engagement zur Kenntnis zu nehmen und deshalb ihr Produkt zu kaufen. Vielmehr müssen sie die Öffentlichkeit, die Kund:innen aufrufen, selbst aktiv zu werden.

Indem Unternehmen neue Möglichkeiten für Individuen schaffen, ihre Stimme zu erheben, können sie gleichzeitig die Werte vermitteln, für die sie stehen. Wenn Sie Menschen konkrete Angebote für themenbezogenes, gesellschaftliches Engagement machen, tun Sie mehr für Ihr Unternehmen, als Sie denken. Vergessen Sie nicht, unbedingt einen Plan zur Messung solcher Maßnahmen zu erstellen: vom Aufruf zum Handeln über die Resonanz bis hin zur Wirkung, der Veränderung in der Gesellschaft.

MERKMAL 5:
Design- und Innovationsfragen

Um ein Konzept zu erarbeiten, das die aktive Nutzung von Beziehungen und Medien- und Kommunikationskanälen des Unternehmens in Verbindung mit anderen Förderressourcen wie Geld, Menschen und Zeit vorsieht, sollten Sie sich zunächst die folgenden Fragen stellen, um ein nachhaltiges Issue-Management zu verfolgen:

- Öffentliches Bewusstsein: Wie können wir anderen Menschen in der Öffentlichkeit helfen, das Thema zu verstehen?
- Öffentliche Akzeptanz: In welcher Weise ändern wir Wahrnehmungen, Einstellungen und Überzeugungen innerhalb und außerhalb des Unternehmens zu diesem Thema?
- Öffentliches Handeln: Welche Unterstützung erwarten wir von der Öffentlichkeit in Bezug auf dieses Thema?

Wenn Sie Menschen auf diese Weise in Ihr gesellschaftliches Engagement einbeziehen, bauen Sie wichtige Beziehungen, Loyalität, Interesse und Affinität auf und nehmen gleichzeitig Einfluss auf ein Thema, das für Öffentlichkeit und Verbraucher:innen gleichermaßen relevant ist.

INTERVIEW

Iris Braun, share

»Ich frage mich nie, warum ich mir diese Anstrengungen antue. Es erfüllt mich einfach auf eine Art, die es mir sehr leicht macht, morgens aufzustehen. Und allein das ist es wert.«

IRIS BRAUN, Mitgründerin und Chief Impact Officer der Sozialmarke share in Berlin, teilt ihre Erfahrungen, wie über eine Marke Aufmerksamkeit und konkrete Lösungsansätze für gesellschaftliche Probleme gefunden werden. Für share spielt hierbei eine enge Bindung mit den Konsument:innen, den geförderten Menschen und den Partnern im Einzelhandel eine wichtige Rolle.

Michael Alberg-Seberich: Iris, was sind deine Aufgaben bei share?

Iris Braun: Ich bin eine der Gründerinnen von SHARE. Eine von denen, die schon seit mindestens einem Jahrzehnt gemeinsam mit den Kolleg:innen der Überzeugung anhängen, dass der Motor der Wirtschaft sich so verändern lässt, dass er Ziele ansteuert, die für unsere Gesellschaft wirklich relevant sind. Eine von denen, die das Thema Sozialunternehmen schon zu vielen Themen und Gedanken diskutiert haben.

Mein Kollege Sebastian Stricker hat einst die Spenden-App Share-the-Meal auf den Markt gebracht. Er ist damit aufgefallen, vor allem Menschen aus dem Handel. Menschen, die ebenfalls sozial wirksam werden wollten mit dem Geschäft, das sie sowieso betreiben. Wir sind also mit der Nase drauf gestoßen worden. Seit Anfang 2017 nimmt das Form an. Ich bin seither betraut mit dem Bereich Operations, habe also alles gemacht, was eine Firma intern braucht, um ins Laufen zu kommen. Produktentwicklung und Management. Ganz wichtig: das Thema Social. In unserem Fall natürlich nicht nur soziale Medien, sondern vor allem alles andere, was unsere Marke sozial wirkmächtig macht. Und alles, was dazu notwendig ist. Die ersten drei Jahre habe ich das aufgebaut. Seit 2020 kümmere ich mich darum, wo wir international noch einen drauflegen können mit share; es an anderen Orten etablieren, was wir mit dm und Rewe als unsere ersten Partner angefangen haben. Aktuell sind wir in Tschechien und Österreich.

MAS: Was hat dich aus deiner persönlichen Geschichte heraus motiviert, etwas anderes machen zu wollen, als weiterhin erfolgreich in der Unternehmensberatung zu arbeiten?

IB: Wenn ich heute zurückschaue, erscheint es mir, als könnte ich eine nette Geschichte daraus machen. Das, was zuvor nicht geplant war und nun anmutet wie eine Kombination aus allem, was ich bis dato gemacht hatte. Tatsächlich aber bewegen mich seit Langem zwei Themen. Zum einen Entwicklungs- beziehungsweise Schwellenländer und die Entwicklung ihrer Ökonomie und zum anderen das Thema »Unternehmertum«. Schon in der Schulzeit habe ich mal bei einem Start-up-Wettbewerb teilgenommen. Mit einem Essenbestellservice sind wir ins Rennen gegangen. Einem, der über eine einzige Telefonnummer läuft. Egal, ob ich etwas vom Griechen, vom Italiener oder vom Asiaten bestellen möchte. Wir haben gewonnen. Ich war total angefixt von der Idee und bin damit gleich zu meinem Vater gerannt.

Seine Reaktion: Solange er noch mitzureden hat, wird erst mal die Schule zu Ende gemacht. Seither verfolgt mich das. Für mich macht vor allem die Kombination aus allem Sinn. Auch, dass ich nach dem Studium erst einmal in der klassischen Beratung war. Darüber habe ich nicht nur Sebastian kennengelernt und mit ihm einen Mitstreiter hinsichtlich der Idee der sozialen Wirksamkeit von Produkten, von Wirtschaft gefunden, sondern auch die erste große NGO: das Welternährungsprogramm der Vereinten Nationen. Wir hatten auch Kunden aus der Herstellung von Konsumgütern. Wenigstens ein bisschen Ahnung dachte ich zu haben, wie das Geschäft funktioniert.

Bei share haben wir das gefühlt einfach kombiniert. Nichtsdestotrotz: Wir hatten keine Ahnung, was wir wirklich tun. Aber wir waren in der glücklichen Lage, Leute zu kennen, die wir fragen konnten. Das war alles entscheidend. Denn schließlich können wir, wenn wir etwas Neues aufbauen wollen, von den Erfahrungen anderer profitieren. Zumindest ein bisschen.

> *»Wir haben festgelegt, dass wir als Unternehmen keinen wirtschaftlichen Nutzen schaffen können, ohne auch sozialen Nutzen zu generieren.«*

MAS: Ihr bezeichnet euch als soziale Marke. Was steht bei euch dafür?

IB: Die Bezeichnung wird inzwischen so oft gebraucht, dass wirklich die Frage aufkommt, was das denn wohl sein könnte. Eine soziale Marke. Genau wie der Begriff »Sozialunternehmen«. Davon gibt es viele. Keine Frage. Worauf sich wohl alle einigen können, die darüber nachsinnen: Das Sozialunternehmen ist eine Abgrenzung zur klassischen Ökonomie. Für die wurde, vor noch gar nicht allzu langer Zeit, mal festgelegt, dass sie den finanziellen Profit maximieren. Die Idee der reinen Profitmaximierung ist noch gar nicht so alt, wie manche denken. Es hat andere gelebte Formen der Wirtschaft und der Unternehmen gegeben in den Jahrhunderten davor, wie zum Beispiel Gilden und Genossenschaften. Doch spätestens ab den 1990er-Jahren kam das Bewusstsein auf, dass es wichtig ist, neben einer finanziellen »Bottom Line« auch andere Dimensionen zu bedenken. Die soziale zum Beispiel oder auch die ökologische. »Double oder Triple Line« nennen wir das heute. Es ist nicht ganz einfach. Aber wenn man sich das umfassender anschaut, lassen sich sehr wohl gemeinsame Werte finden. Da lassen sich dann finanzielle und ökologische oder soziale kombinieren. Shared Value ist das Zauberwort. Wir bei share haben es zumindest geschafft, zu definieren, was für uns ein Sozialunternehmen ist. Die klare Definition wurde unsere Haltung: Wir haben festgelegt, dass wir als Unternehmen keinen wirtschaftlichen Nutzen schaffen können, ohne auch sozialen Nutzen zu generieren. So eng definiert gar, dass es an das Kerngeschäft geknüpft ist, parallel läuft und die zwei ohneeinander nicht können.

Schon im Studium hatte ich persönlich das Thema auf der Agenda: Für mich war wichtig, ein Unternehmen zu bauen, dass diese dualen oder auch dreifach gelagerten Ziele nebeneinander bedient.

MAS: Bei share habt ihr euch dem Eins-zu-Eins-Prinzip verschrieben.

IB: Für uns ist es die einfachste Art, die gemeinsamen Ziele zu verfolgen. Mit Herzen und Händen. In fast jedem Fall geben wir für ein verkauftes share-Produkt eines her. Es ist nicht das gleiche Produkt, sondern ergibt sich aus dem Kontext und dem Sinn, den das Sozialprojekt hat. Ganz praktisch bedeutet das: Wir verkaufen etwas zu essen oder zu trinken und es wird dafür Essen oder sauberes Wasser gespendet. Wenn jemand ein Notizbuch oder Stifte kauft, gibt es Spenden für Bildung. Wir empfinden das als gerecht und so wird es gleichmäßig verteilt.

MAS: Ihr habt als klassisches Start-up begonnen, mit der Maßgabe, gesellschaftlich und sozial zu wirken. Wie seid ihr zu euren Partnern gekommen? Und welche Kommunikationseigenarten gibt es mit dem Handel?

IB: Die Botschaft, dass wir uns um Gemeinschaft und Umwelt kümmern müssen, ist heute weitgehend in der Gesellschaft angekommen. Wir haben uns also 2017 zu einer guten Zeit gegründet. Da gab es noch nicht so viele Unternehmen, die das explizit nach vorne gestellt haben. Unsere Hauptaufgabe war und ist es noch: überzeugend zu präsentieren und Vertrauen zu gewinnen. Davon hängt ab, ob beziehungsweise wie sie uns verstehen – die, die sich in der Tiefe mit Fürsorge und sozialer Wirkung befasst haben oder befassen wollen. Egal, ob es darum ging, die Werte zu vermitteln oder um die Umsetzung ins Operative. Das klingt jetzt leichter, als es war. Auf jeden Fall war es essenziell. Immerhin konnten wir bei Menschen aus den Unternehmen »pitchen«, die schon in der Mentalität unterwegs waren. Wir machen das nicht für uns, sondern wollen so viel Transparenz wie eben möglich.

MAS: Was ist das Neue an den Zielgruppen?

IB: Uns ist wichtig, dass wir den sogenannten Massenmarkt erreichen. Irgendwo. Das ist Teil der Innovation. Es gibt viele Menschen, die bereits spenden, die schon sehr engagiert sind, die monatliche Beiträge an große NGOs spenden, oder die sich während des Urlaubs oder in der Freizeit engagieren. Die aber sind nicht unsere Hauptzielgruppe. Wir wollen zusätzlich diejenigen erreichen, die bereit sind, etwas im Alltag zu tun, aber dafür nicht ihr Leben umkrempeln möchten. Die an normalen Orten einkaufen, also nicht unbedingt in den Unverpacktladen gehen, aber eben auch in den Supermarkt. Und offensichtlich gibt es auch bei den etablierten Playern den Bedarf an neuen Ideen.

MAS: Zum Zwecke der Kulturveränderung? Oder muss das komplett über den Handel und die Konsument:innen laufen?

Wie entsteht das Vertrauen in eure Marke? Es gibt wenig direkte Kommunikation.

IB: Es wächst, das Vertrauen. Die Chance, direkt in den Läden zu sein. Wir merken, dass die Nachfrage steigt. Und dass wir mit einem Mal gar nicht mehr hinterherkamen – also nicht alles auf einmal machen konnten. Die Community wächst. Und sie möchte Informationen. Das wird unser nächster Schritt sein: Mehr Informationen zur sozialen Wirkung unserer Marke.

MAS: Eure Produkte erscheinen mit einer gezielten gesellschaftlichen Message. Was an diesem Teil eures Auftrags ist Problem und was ist Lösung?

IB: Das ist eine interessante Frage. Wir diskutieren immer wieder, wie politisch wir unser Unternehmen aufstellen wollen. Da gibt es die romantische Vorstellung, dass das, was wir machen, nur unter dem Stern humanitärer Überlegungen steht – ganz ohne politische Ambitionen. Ich selbst glaube aber, dass dieser Standpunkt immer weniger tragbar ist und wir uns über kurz oder lang als Unternehmen politisch positionieren müssen. Gesellschaftspolitisch versteht sich – schließlich haben wir aus diesem Grund das Unternehmen gegründet. Deshalb ist für uns Chancengerechtigkeit *das* Thema: in Form von Zugang zu Bildung und Trinkwasser, Lebensmitteln und Fürsorge. Über die share-Produkte. Mit dieser Grundidee ziehen wir auch Leute an, die eigene Ideen haben, was sie über diesen Weg schaffen könnten.

»Wenn wir forsch in den Markt vordringen, geben wir immer ein Versprechen ab, das es einzuhalten gilt. Und dazu müssen und wollen wir sicher sein, dass wir zu allen Produkten und Prozessen uneingeschränkt stehen können.«

MAS: Ihr werdet mit eurer Marke immer bekannter. Welche Wirkung hat das auf das Team und den Umgang untereinander?

IB: Es wird viel mehr reflektiert. Die unterschiedlichen Meinungen werden geäußert und abgeklopft, ob wirklich alle hinter dem stehen, was wir als Idee umsetzen wollen. Passt das, auch von außen betrachtet, zur Kernbotschaft? Ich halte das für überaus wichtig.

MAS: Ein anderes Thema: Euch ist es wichtig, über die Wirkung eurer »Shares« zu sprechen. Zu kommunizieren, was wie wo ankommt. Konsument:innen und Kund:innen sollen wissen, wie das Geld wirkt. Was steckt dahinter?

IB: Einer unserer Kernwerte ist Transparenz. Aus verschiedenen Gründen und Perspektiven. Wirkungsforschung ist sehr nützlich. Charity ist eben einfach auch ein Thema, das sich weitaus nüchterner betrachten lässt. Dazu müssen wir unsere Projekte genau analysieren und unsere Organisation. Wir wissen ja, wie es geht. So können wir uns der Wirkung versichern, die unsere Arbeit hat. Egal welcher Natur. Wenn wir forsch in den Markt vordringen, geben wir immer ein Versprechen ab, das es einzuhalten gilt. Und dazu müssen und wollen wir sicher sein, dass wir zu allen Produkten und Prozessen uneingeschränkt stehen können. Es wäre nicht das erste Mal, dass zum Beispiel die Presse einem ungefragt über die Schulter schaut und nach den Produkten fragt. Das gilt bei uns als Grundregel. Nur sind wir dann als Unternehmen aufgefordert, Indikatoren, Kennzahlen und Messgrößen zu haben, anhand derer wir uns versichern können, dass nicht doch in einem schwachen Moment faule Kompromisse gemacht werden.

Unsere einfachste interne Währung ist: ein Produkt = ein share. Allerdings muss regelmäßig geprüft werden, ob es auch ein »guter share« ist. Was bedeutet das? Es ist in den letzten Jahrzehnten viel Aufwand in die Wirkungsforschung geflossen und tatsächlich gibt es viele sinnvolle Projekte, die nur skaliert werden müssen, auch im Bereich Grundbedürfnisse. Diese wollen wir bedienen.

Uns helfen Visualisierungen oder die Darstellung von Modifizierungen. Es ist auch motivierend. Wer immer sich interessiert, kann sich den Zahlen und Grafiken zu unseren Wirkungen und Produkten widmen. Im Eingangsbereich zeigt zum Beispiel ein Bildschirm diese Infos. Wir haben freitags eine Veranstaltung »All Hands«, da treffen sich Kolleg:innen und manchmal kommen als Gäste auch Vertreter:innen von NGOs. Und so verstehen unsere Kolleg:innen besser, dass es etwas anderes ist, für ein soziales Unternehmen wie share zu arbeiten als für eines, das qualitativ andere Ziele anstrebt.

»Firmenkultur muss als aktive Aufgabe wahrgenommen werden.«

MAS: Ihr sammelt nun schon eine Weile Erfahrungen durch die Handelspartner-Unternehmen. Worauf sollte deines Erachtens ein Unternehmen achten, wenn es sich gesellschaftlich engagieren möchte? Was sind die zwei wichtigsten Sachen, die du durch deine Arbeit bisher gelernt hast?

IB: Das hängt davon ab, ob ein Unternehmen mit diesem »Purpose« gegründet wurde und die Produkte aufgrund des Zwecks hergestellt werden oder ob es die wirtschaftlichen Ziele sind, die das Unternehmen bislang antreiben.

MAS: Beides ist interessant. Die finden einander ja. Sowohl die »Purpose«-Unternehmen als auch zum Beispiel börsennotierte oder ganz normale Familienunternehmen.

IB: Ich habe am Wochenende einen Unternehmer getroffen, der nicht wusste, was ich tue. Als ich ihm erzählte, was wir tun, war er erstaunt. Er ist selbst Unternehmer im sozialen Bereich, seine Firma funktioniert aber wie ein normales profitorientiertes Unternehmen. Er selbst, sagt er, hätte sich wohl nicht als Sozialunternehmen betitelt, aber sehr wohl als soziales Unternehmen. Da scheinen die Grenzen fließend.

Meine zwei wichtigsten Empfehlungen: Zum einen eine klare Kommunikation der Werte und Ziele des Unternehmens. Das ist fair gegenüber den Mitarbeiter:innen. Schließlich sollen sie die Chance haben, sich zu entscheiden. Zu sagen: Okay, da stehe ich hinter, das bringt mir etwas. Oder eben: Das ist nicht mein Bier und nervt mich wiederum. So ziehen sie dann vielleicht noch mehr Leute an, die das cool finden. Und Leute, die das nicht interessiert, die die Ziele und Werte als Ballast empfinden, können sich gegebenenfalls auch etwas anderes suchen. Das lässt sich sogar kommunizieren. Wenn dann jemand feststellt, dass das vielleicht nicht den Werten entspricht, mit denen er weiterleben will.

Für mich ist das wesentlicher Teil der Firmenkultur. Zumindest für den Part Kommunikation. Firmenkultur muss als aktive Aufgabe wahrgenommen werden. Wir haben das anfangs sehr unterschätzt, weil wir davon ausgegangen sind, dass wir eh alle auf einer Wellenlänge sind. Doch muss das bewusst gemacht und weitervermittelt werden. Wir haben unsere Werte in Form von Bildern in der Lounge hängen. Wir haben damals für uns die Werte noch einmal explizit geklärt. Zumindest für die Gruppe, die wir damals waren, war das sehr, sehr hilfreich.

Zum anderen ist es wichtig, sich etwas Soziales zu suchen, das ganz nah an der Kerntätigkeit des Unternehmens ist. Je mehr du mit dem Kern verschmolzen bist, umso eher bist du im reinsten Sinne als ein Sozialunternehmen mit parallel nebeneinander laufenden, verketteten Zielen unterwegs – nicht immer ohne Reibung, aber eng verdrahtet. Und je weiter du von diesem Unternehmenskern entfernt bist, umso eher ist die Identifikation eher optional. Und damit die Erfolgsaussicht geringer und die Reibung größer.

MAS: Das geht einher mit den Eigenschaften, die wir mit den Erfahrungen und Erhebungen für dieses Buch herausgearbeitet haben. Egal, wo auf der Welt gerade jemand damit anfängt, ein solches Unternehmen aufzubauen. Welche zwei Tipps hast du?

IB: Ich würde mir noch viel mehr Zeit nehmen, um zu netzwerken und weniger einfach nur zu machen. Im Nachhinein finde ich das schon witzig. Ich dachte tatsächlich so: Wenn ich professionelle Unternehmerin bin, dann weiß ich, was zu tun ist. Das war aus meinem Angestelltenverhältnis heraus gedacht. Und ich war doch sehr überrascht, dass mir niemand über die Schulter guckt und fragt, ob das überhaupt Sinn macht, was ich da treibe. Das war anfangs ein komisches Gefühl. Auch habe ich festgestellt, dass ich eigentlich überhaupt keine Ahnung von dem habe, was ich da tue. Ich erinnere mich, wie wir als Gründer zusammensaßen und plötzlich die Frage aufkam: Brauchen wir eigentlich eine Versicherung für das Unternehmen? Wir hatten keine und gingen so ein unnötiges Risiko ein, auf das einen natürlich niemand proaktiv hinweist. In einem Netzwerk hast du aufgrund der Infrastruktur die Chance, dich schlauzumachen, dich auszutauschen, andere zu fragen, wie sie das gemacht haben. Riesige Chance. Bei uns hat das gut geklappt. Gerade wenn die anderen Sozialunternehmen auch ähnliche Ziele anstreben, ist der Wettbewerb nicht so scharf. Wir haben ja etwas Größeres, für das wir alle gemeinsam kämpfen.

Dazu kommt das Thema Komplexität. Bei Start-ups sollte diese so gering wie möglich sein. Das wird leicht unterschätzt. Auch wir haben das unterschätzt. Komplexität ernst nehmen. Jedes neue Produkt oder Feature bringt viel mehr Komplexität in die Arbeit und sollte nur aufgenommen werden, wenn es wirklich dringend notwendig ist. Ansonsten hat man gegen etablierte Firmen keine Chance. Hätten wir von Anfang an Wert auf extrem gute Prozesse gelegt, dann hätten wir wohl heute ein leichteres Leben. Ein deutlich leichteres.

MAS: Letzte Frage: Was ist aus deiner Sicht das wichtigste Argument für eine Firma mit dieser Art Werten und Zielen heutzutage?

IB: Ganz ehrlich. Ich frage mich nie, warum ich mir diese Anstrengungen antue. Es erfüllt mich einfach auf eine Art, die es mir sehr leicht macht, morgens aufzustehen. Und allein das ist es wert.

KAPITEL 6

Merkmal 6: Ein die gesellschaftliche Verantwortung wahrnehmendes Unternehmen kooperiert mit anderen

Unternehmen übernehmen eine wichtige Führungsrolle und zeigen Einsatz, wenn sie die Agenda von Kooperationsverbänden vorantreiben, die sich gesellschaftlich engagieren. In solchen Zusammenschlüssen sind üblicherweise alle Sektoren vertreten, die themenbezogen Veränderungen bewirken können.

Mark Parker, der Geschäftsführer von Nike, sagte in einem Artikel des Magazins *Fast Company* über aktuelle Entwicklungen in der Wirtschaft: »Die größten Chancen liegen in der Zusammenarbeit und Partnerschaft. Dank der digitalen Kommunikation gibt es diesbezüglich heute viele neue Möglichkeiten. Wir dürfen uns diesem Trend in Unternehmen nicht verschließen.«[1]

Offensichtlich hat er recht: Kooperation, Wettbewerb, Partnerschaften, Zusammenarbeit, Allianzen, Stakeholder-Management, Sharing Economy und kollektive Wirkung (collective impact) sind Begriffe, die für eine Kultur der Zusammenarbeit stehen, die Akteure mit ganz unterschiedlichem Hintergrund an einem Tisch versammelt. Hier soll am Ende das Ganze mehr sein als die Summe seiner Teile.

Kooperation ist oft der Schlüssel für die Bewältigung gesellschaftlicher Herausforderungen. Man könnte argumentieren, dass die Wirtschaft im Laufe der Jahre einiges aus der langen Tradition kollaborativer Kulturen in Staat und Zivilgesellschaft gelernt hat. Der japanische Dichter Ryunosuke Satoro fasste diese Erkenntnis einst in seinen bekannten Worten zusammen: »Einzeln sind wir ein Tropfen. Zusammen sind wir ein Ozean.«

Zeit für eine Meeresexkursion!

FOKUS

Wenn sich Unternehmen heute für Themen wie Malaria, HIV, Plastik in den Ozeanen, Klimawandel, lokale Bildungschancen oder kommunale Kulturprogramme engagieren, sind zivilgesellschaftliche Organisationen, die Wissenschaft und der Staat häufig wichtige Akteure, mit denen es gilt, zusammenzuarbeiten. Eine Kultur der Zusammenarbeit ist folglich ein weiteres Merkmal eines sozial denkenden Unternehmens.

In diesem Kapitel beantworten wir daher die folgenden Fragen:

- Welche Beispiele für die Zusammenarbeit von Unternehmen, staatlichen Stellen, Organisationen und der Öffentlichkeit zur Bewältigung eines gesellschaftlichen Problems gibt es?
- Welche Formen der Zusammenarbeit gibt es?
- Was sind Bedingungen für eine erfolgreiche Zusammenarbeit?
- Warum spielt Vertrauen für die Zusammenarbeit oft eine wichtigere Rolle als Werkzeuge, Ressourcen oder Evidenz?

MERKMAL 6 IN DER PRAXIS

Die folgenden drei Unternehmen haben je nach Produkt und Tätigkeit eigene Wege für die Zusammenarbeit gefunden.

SIEMENS STIFTUNG

Die Siemens Stiftung ist eine unabhängige gemeinnützige Stiftung, die als wichtiger Hebel für das gesellschaftliche Engagement des Technologiekonzerns Siemens fungiert. Ein Schwerpunkt der Stiftungsarbeit liegt auf innovativen Ansätzen für die naturwissenschaftliche, technische, ingenieurwissenschaftliche und mathematische (MINT-)Bildung in Grund- und weiterführenden Schulen. In Zusammenarbeit mit Lehrer:innen, Schulen, Forscher:innen, Kommunen und Regionen hat die Stiftung den praxisorientierten Lehrplan *Experimento* für forschendes Lernen entwickelt, der jetzt in Klassenzimmern in Bolivien, Chile, Kolumbien, Deutschland, Peru, Kenia, Mexiko und Südafrika zum Einsatz kommt.

Die Vorteile dieser Zusammenarbeit reichen weit über den Nutzen für eine einzelne Schule hinaus, wie ein Beispiel aus Medellín in Kolumbien zeigt. Während viele Menschen die Stadt noch immer mit Drogenhandel, Entführungen und Guerillakrieg in Verbindung bringen, gehören die Siemens Stiftung und ihre lokale Tochter, die Siemens Fundación, zu einem größeren Zusammenschluss aus Stadtverwaltung, Schulen, Zivilgesellschaft und Unternehmen. »Territorio STEM+H« steht für die Verbesserung von Entwicklungschancen und Lebensbedingungen durch MINT-Bildung.

Die Siemens Fundación bringt ihre Erfahrungen aus dem MINT-Unterricht sowie den entwickelten Lehrplan in die umfassenderen Bemühungen zur Verbesserung des Bildungssystems der Stadt ein. Ohne solche Partnerschaften würden nur wenige Schulen in den Genuss der Methodenkompetenz der Stiftung kommen. Zudem wäre er nicht Bestandteil eines umfassenderen Werkzeugkastens zur Aufwertung der gesamten Bildungslandschaft.

ELLEN MACARTHUR FOUNDATION

Die »New Plastics Economy«, eine Initiative der Ellen MacArthur Foundation, ist ein Paradebeispiel für die Zusammenarbeit zur Lösung des Problems von Kunststoffen in der Umwelt.[2] Sie verdeutlicht die Bedeutung eines (neutralen) Initiators oder Moderators von Kooperationen.

Zunächst lud die Stiftung Interessenvertreter aus der Wirtschaft wie Amcor, Danone, H&M, L'Oréal, Mars, Novamont, PepsiCo, The Coca-Cola Company, Unilever und Veolia ein, um gemeinsam mit politischen, wissenschaftlichen und zivilgesellschaftlichen Akteuren an der Umsetzung einer Kreislaufwirtschaft für Kunststoffverpackungen zu arbeiten. Die New Plastics Economy hat bereits eine Reihe von Berichten veröffentlicht und in Zusammenarbeit mit dem Umweltprogramm der Vereinten Nationen das »New Plastics Economy Global Commitment« entwickelt, eine gemeinsame Vision, die eine Reihe von Zielen zur Bekämpfung der Kunststoffverschmutzung umfasst. Aus der globalen Zusammenarbeit sind bereits »Plastic Pacts« entstanden, um die Umsetzung auf nationaler und regionaler Ebene zu fördern.

Die New Plastics Economy stellt eine komplexe und vielschichtige Form der Zusammenarbeit dar, die eng mit dem Kern der beteiligten Unternehmen verbunden ist. Dennoch wissen alle Akteure, dass ein Problem wie die Beseitigung von Kunststoffabfällen nur gelöst werden kann, wenn alle Beteiligten zusammenarbeiten, um neuartige Ansätze zu entwickeln, Vorschriften zu verbessern und so weiter.

BASF

Ludwigshafen ist eine Stadt mit 170 000 Einwohnern im Rhein-Main-Gebiet, einer der wichtigsten Wirtschafts- und Weinregionen Deutschlands. Aber es gibt noch eine andere Stadt in der Stadt. Das Chemieunternehmen BASF hat dort den größten Produktions- und Forschungsstandort der chemischen Industrie weltweit aufgebaut, der von einem Unternehmen betrieben wird. Rund 39 000 Menschen arbeiten in mehr als 2000 Gebäuden für die BASF. Auch ein Theater und ein Konzerthaus gibt es. Die BASF veranstaltet und fördert seit Langem kulturelle Angebote in der Kommune. Das Unternehmen manifestiert damit seine gesellschaftliche Verantwortung. Das firmeneigene CSR-Team bringt häufig Kulturschaffende aus der ganzen Region zusammen, um sich gemeinsam zu engagieren. In einem aktuellen Projekt mit dem Namen Tor 4, benannt nach dem größten Werkstor des Unternehmens in der Stadt, hat die BASF eine neue Kooperation ins Leben gerufen, um ihr kulturelles Engagement mit gesellschaftlichen Themen zu verbinden, die den Bürger:innen vor Ort wichtig sind. In der ersten Phase setzten sich Vertreter:innen aus Kunst, Wissenschaft und Politik zur Themenfindung an einen Tisch. Das Unternehmen möchte hier den Dialog anstoßen. Dabei stehen Fragen zur Debatte wie »Warum wird eigentlich alles besser?« oder »Wie geht Freiheit wirklich?«.

Tor 4 basiert auf einem partnerschaftlichen und gemeinschaftlichen Ansatz auf verschiedenen Ebenen. Ein Gremium aus Politiker:innen, Wirtschaftsmanager:innen und Kunstexpert:innen soll die Relevanz des Programms für die Gesellschaft und ihre künstlerischen Ambitionen gewährleisten. Ein kleines Team innerhalb der BASF koordiniert die Initiative und fungiert als Rückgrat der Organisation. Besonders hervorzuheben ist, dass mehr als 16 Kultureinrichtungen bereits Kunstprojekte in der gesamten Region konzipiert und umgesetzt haben.

Dass ein gesellschaftlich verantwortungsbewusst denkendes Unternehmen intensiv mit der Kunstszene zusammenarbeitet, mag nicht auf der Hand liegen, aber dem CSR-Team der BASF ist es gelungen, sein bestehendes Engagement einer breiteren Masse zugutekommen zu lassen.

Die vorgestellten drei Unternehmen sind nicht allein. Eine wachsende Zahl von Unternehmen arbeitet heute in Themenfeldern wie Wasser, Bio-Baumwolle und Impfungen zusammen. Die neue globale Realität erfordert gemeinsame Lösungen für dringende Probleme – einige nahe am Kerngeschäft eines Unternehmens, andere viel näher an den allgemeinen Anliegen der Gesellschaft. Diese Beispiele aus aller Welt zeigen, wie und warum Zusammenarbeit und Partnerschaft wichtige Aspekte des Corporate Social Minds eines Unternehmens darstellen. Mit anderen zusammenzuarbeiten, ist kein Kinderspiel. Dazu braucht es Austausch und Vertrauen. Unsere Arbeit als Vermittler im Rahmen solcher Zusammenschlüsse hat sich vielfach deutlich ausgezahlt. Oft kann man nur gemeinsam wirklich etwas bewegen.

- **Kooperation:** Zusammenarbeit mit Einrichtungen in einem einmaligen gemeinsamen Projekt
- **Partnerschaft:** Kontinuierliche Arbeitsbeziehung, wobei Risiken und Erfolge geteilt werden.
- **Netzwerk:** Berufliche und persönliche Kontakte bilden oft die Grundlage für Kooperationen oder Partnerschaften.
- **Kollektiv:** Zweckgerichtete Arbeitsgemeinschaft, oft sektorübergreifend zur strategischen und zielgerichteten Erreichung von sozialem Nutzen.

ZUSAMMENARBEIT, DIE WIRKUNG ZEIGT

In diesem Abschnitt stellen wir vier Möglichkeiten vor, wie die Zusammenarbeit mit anderen für gute Zwecke Wirkung zeigen kann. Die Ansätze schließen sich gegenseitig nicht aus, vielmehr können Sie in Ihrer Planung eine oder mehrere berücksichtigen.

1. **Mobilisierung des Zugangs zu Ressourcen, die eine einzelne Person oder Organisation nicht aktivieren könnte.** Dabei kann es um die Bündelung von Geldern, den Austausch von Erfahrungen, Wissen oder sozialem Kapital, aber auch um Glaubwürdigkeit und Vielfalt gehen, die breiteren Rückhalt für eine Sache schafft.

2. **Innovationen anstoßen.** Innovationen entstehen oft dann, wenn Erfahrungen auf neue Ideen treffen.[3] Die Zusammenarbeit ist häufig ein Motor für Neuerungen, weil unterschiedliche Standpunkte, Wissen und so weiter zusammengeführt werden und so neuartige Ansätze für innovative Lösungen entstehen.

3. **Verstärkung der Interaktion zwischen Partnern.** Eine Kooperation bietet vielfältige Möglichkeiten, miteinander zu arbeiten: von persönlichen Treffen über Backbone-Organisationen und Moderation bis zu digitalen Netzwerkmanagement-Tools.[4]

4. **Schaffung von Strukturen und Prozessen für die Ermöglichung und Straffung der Zusammenarbeit.** Die Zusammenarbeit fördert den Informationsaustausch und wird so zu einem Katalysator der Transparenz.

Neben potenziellen Problemlösungsansätzen zeigen diese Wirkmechanismen das enorme Potenzial von Organisationen, etwas bewegen zu können, wenn sie ihre Stimme, Technik, Innovationskraft, Marketingkompetenz und ihr Personal bündeln. Welche Managementprinzipien stecken hinter diesen Formen der Zusammenarbeit? Verschiedene Bewertungen und allgemeine Forschungsarbeiten zum Thema Zusammenarbeit haben wiederholt gezeigt, dass die folgenden Grundsätze von Bedeutung sind:

1. Für den Aufbau eines Kooperationsnetzwerks bedarf es Investitionen in personelle und organisatorische Ressourcen. Es ist wichtig, die Zusammenarbeit in einen kontinuierlichen Rahmen zu stellen und dafür Personal und Ressourcen bereitzustellen.
   - Die Mitglieder der Bildungsinitiative Medellín haben ihre Ressourcen gebündelt, um eine eigene Organisationsstruktur zur Förderung der Zusammenarbeit zu schaffen. Die Siemens Stiftung verfügt über eigene Mitarbeiter:innen, die die Stiftung im Rahmen der Initiative vertreten.
   - Die Initiative New Plastics Economy baut auf das Engagement aller Mitglieder. Neben dem von der Ellen MacArthur Foundation zusammengestellten Kernteam stellen viele andere Netzwerkpartner Personal oder Arbeitszeit für dieses Vorhaben ab.

2. Ein gutes Prozess- und Qualitätsmanagement ist entscheidend für eine erfolgreiche Zusammenarbeit. Dazu bedarf es der Moderation, transparenter Monitoring-Indikatoren, einer Bewertung sowie des Projektmanagements.
   - Das Projekt Tor 4 der BASF setzt externe Moderator:innen für Partnertreffen ein und hat klare Indikatoren für die Fortschrittsüberwachung festgelegt.

3. Als Voraussetzung für die Zusammenarbeit müssen die Partner Anlass, Ziele und Gesamtstruktur, einschließlich der verfügbaren Ressourcen, bestimmen und vereinbaren.
   - Die Initiative »Cotton 2040« vereint 140 Stakeholder:innen aus der Textilindustrie unter einem Dach. Sie wird von einem Konsortium finanziert, wobei die Gelder vor allem aus der Wirtschaft stammen. Das gemeinnützige Forum for the Future ist für die Durchführung und Verwaltung zuständig. Die Initiative hat klar definierte Arbeitsabläufe entwickelt, um die ausreichende Beschaffung von nachhaltiger Baumwolle sicherzustellen.

4. Effiziente Leitungsstrukturen stellen eine der größten Herausforderungen für Kooperationen dieser Art dar, vor allem da hier oft Welten aufeinanderprallen, die sonst nichts miteinander zu tun haben. Eine klare, transparente Ausrichtung und Anleitung in einem auf Teilhabe und Dialog basierenden Rahmen sind der Schlüssel.
   - Das Tamarack Institute hat Kooperationen zwischen zahlreichen lokalen Behörden, Unternehmen und der Zivilgesellschaft in Kanada ins Leben gerufen,[5] darunter »Vibrant Communities Canada: Cities Reducing Poverty«. Ein transparent gesteuertes Netzwerk lenkt diese Initiative zur Bekämpfung von Armut in Kanadas Kommunen.

Vertrauen ist eine kritische Ressource, die Sie für die Zusammenarbeit mobilisieren müssen. Zusammenzuarbeiten bedeutet, loszulassen und Entscheidungen im Dialog zu treffen. Es bedeutet auch, auf die Beziehung zu seinen Partnern zu vertrauen. Vertrauen ist die Grundlage jeder Zusammenarbeit.

Eine gut funktionierende Zusammenarbeit verstärkt potenzielle Anstrengungen auf zweierlei Weise, um Veränderungen voranzutreiben:

- **(Aus-)Wirkung (Outcome):** Die Auswirkungen, die eine Maßnahme direkt auf die Zielgruppe des Projekts oder Produkts hat.
- **(Ein-)Wirkung (Impact):** Die langfristige oder systemische Wirkung einer Maßnahme auf die Gesellschaft im Allgemeinen.

GEMEINSAM ETWAS BEWIRKEN

Diese Beobachtungen decken sich mit dem derzeit in der Wirtschaft am häufigsten verwendeten Kooperationsansatz: dem kollektiven Engagement. John Kania und Mark Kramer, beide bei der Beratungsgruppe für sozialen Wandel FSG tätig, haben die folgenden Kriterien für Initiativen bestimmt, die auf gemeinsamem Engagement beruhen:[6]

- eine gemeinsame Agenda und gemeinsame Ziele der Akteure,
- ein gemeinsamer, standardisierter Maßstab für die Bewertung von Fortschritt und Wirkung,
- gegenseitige Unterstützung der Maßnahmen der einzelnen Akteure, das heißt unterschiedliche Fachgebiete und Maßnahmen entsprechend den individuellen Stärken in enger Abstimmung,
- konsistente und offene Kommunikation zwischen den vielen Akteuren, um Vertrauen aufzubauen, gemeinsame Ziele abzustimmen und sich gegenseitig zu motivieren, und

- gemeinsame, zentrale Infrastruktur mit hoch motivierten Mitgliedern, die koordinieren und sich gegenseitig unterstützen.

EIN BLICK HINTER DIE KULISSEN: DIE RÖCHLING STIFTUNG

Parallel zur Arbeit an diesem Buch begannen wir mit der Röchling Stiftung, dem philanthropischen Arm des Familienunternehmens Röchling SE & Co. KG, zusammenzuarbeiten. Das in der Kunststofftechnik weltweit tätige Unternehmen mit Sitz in Süddeutschland entwickelt kundenspezifische Kunststoffprodukte für die Industrie, die Automobilbranche und die Medizin.

Als man an Wider Sense herantrat, hatte die Stiftung beschlossen, sich darauf zu konzentrieren, wie Innovationen im Bereich von Kunststoffemissionen zur Verringerung der Umweltbelastung beitragen können.

Offen gestanden fragte sich unser gesamtes Team vom Geschäftsführer über die Mitarbeiter:innen bis hin zum Vorstandsvorsitzenden der Stiftung zunächst, ob sich nicht bereits zu viele Organisationen mit dem Thema befassten, als dass Röchling noch etwas bewirken könnte. Brauchte die Welt wirklich noch mehr Aufklärung in puncto Plastikverschmutzung? Würde es uns gelingen, Stakeholder:innen an unseren Tisch zu holen, da viele von ihnen wahrscheinlich schon anderweitig mit dem Thema befasst waren?

Die ganze Idee klang wie ein altbewährtes Skript, nach dem wir schon so oft gearbeitet hatten. Da wir im Rahmen unserer ersten Recherchen auf viele Foren, Expertenausschüsse und so weiter zu dem Thema stießen, waren wir überzeugt, dass kein Hahn nach einem weiteren Lösungsansatz für das Problem und damit nach dem Unternehmen krähen würde.

Wir lagen falsch.

Bevor wir eine Entscheidung trafen, befassten wir uns intensiv mit dem Themenkomplex, um die Herausforderungen im Bereich Kunststoffe und die Bedürfnisse von Stakeholder:innen bis ins Detail zu verstehen. Im Ergebnis entstand der Bericht *Polyproblem*, in dem unterschiedliche Aspekte und Handlungsfelder des Plastikproblems kompakt zusammengestellt werden.[7] Womit keiner gerechnet hatte: Jede und jeder Einzelne der von uns Befragten ermutigte die Stiftung und das Unternehmen, drei unterschiedliche Stakeholder-Gruppen an einen Tisch zu bringen, um Lösungen für das Problem der Plastikverschmutzung zu erarbeiten: Unternehmen, Staat und Zivilgesellschaft.

Wir hatten endlich ein klares Verständnis für die Feinheiten des Themas. Wir wussten, wo sich Dinge bewegten und wo nicht. Wir begegneten begeisterten Stakeholder:innen, die uns drängten, an einer gemeinsamen Lösung zu arbeiten. Um all diese Daten ein letztes Mal zu validieren, baten wir die Stiftung, ihre Stakeholder:innen zu einem Dialog einzuladen, um über Lösungen zur Vermeidung von Plastikemissionen zu diskutieren.

Das Ergebnis: Die Stiftung nahm ihre Rolle als Stifterin von Kooperationen zur Bekämpfung von Plastikverschmutzung an und hat begonnen, sie auszugestalten.

Wirksame Kooperationen im sozialen Bereich weisen ähnliche Merkmale auf. Auch wenn die Beteiligten kulturell unterschiedlich geprägt sind oder in verschiedenen Kontexten arbeiten, folgen sie doch alle einem ähnlichen Drehbuch.

Kooperationen beginnen oft mit einer Startphase, in der Ziele, Ressourcen und andere Rahmenbedingungen festgelegt werden. Diese Phase endet normalerweise mit der Unterzeichnung einer Vereinbarung oder Absichtserklärung, in der gemeinsame Ziele öffentlich kommuniziert werden. Der Zusammenschluss kann dann mit der Umsetzung seiner Ziele beginnen und mithilfe von Überwachungs- und Berichterstattungsinstrumenten sicherstellen, dass die Beteiligten und das Projekt allgemein auf dem richtigen Weg sind. Der Zeitrahmen kann unterschiedlich gestaltet werden. Eine gemeinsame Initiative zur Verbesserung eines Schulsystems ist oft ein langfristiges Projekt, während die Zusammenarbeit zu einem bestimmten regulatorischen oder zeitkritischen Thema von kurzer Dauer sein kann. Manchmal kommt es im Ergebnis der Zusammenarbeit zu einer Institutionalisierung der Bemühungen um einen ständigen Dialog und die Überwachung von Fortschritten.

Die meisten gesellschaftlichen Herausforderungen lassen sich nicht allein lösen. Eine erfolgreiche Zusammenarbeit ist von Offenheit, Transparenz, Toleranz, Förderbereitschaft, Authentizität und Zuverlässigkeit gekennzeichnet. Für sozial denkende Unternehmen spielen Kontext und Vielfalt eine wichtige Rolle.

MERKMAL 6:
Design- und Innovationsfragen

Die folgenden Fragen können Sie und Ihr Unternehmen bei der Beurteilung der Notwendigkeit einer Kooperation oder Partnerschaft zur Lösung eines gesellschaftlichen Problems leiten:

- Wer sind die beteiligten Akteure?
- Warum engagieren sie sich?
- Welche gemeinsamen Interessen haben alle Beteiligten? Lassen sich auf dieser Grundlage gemeinsame Ziele definieren und fördern?
- Wie wollen wir zusammenarbeiten?

- Wer sind die Führungspersönlichkeiten, die die Mitglieder eines Kooperationsverbandes erfolgreich motivieren können?
- Wer sind die Führungskräfte in unserer Organisation, die sich für die Zusammenarbeit einsetzen?
- Wer in unserer Organisation hat viel Erfahrung mit Kooperationen oder den Organisationen, mit denen wir zusammenarbeiten wollen?
- Welche Ressourcen kann unsere Organisation einbringen?
- Was ist der Zeithorizont der Kooperation?
- Wie sieht die richtige Struktur für die Zusammenarbeit aus (Verträge, Sitzungsformate und so weiter)?

In diesem Sinne: Leinen los. Es ist Zeit, in See zu stechen – lokal, regional, national oder international.

INTERVIEW

Christoph Selig, Deutsche Post DHL Group

»Der wesentliche Tipp wird immer sein: Denk immer größer als das, was dir im Moment realistisch erscheint!«

CHRISTOPH SELIG ist Vice President Sustainability Communications and Programs bei der Deutschen Post DHL Group. In diesem Interview geht er unter anderem auf die Kooperationen des Unternehmens mit zivilgesellschaftlichen Akteuren ein.

Michael Alberg-Seberich: Herr Selig, welche Rolle ist die Ihre bei Deutsche Post DHL Group? Und auf welche Weise sind Sie an dem gesellschaftlichen Engagement des Unternehmens beteiligt?

Christoph Selig: Ich leite den Bereich »Nachhaltigkeitskommunikation und -Programme«. Bei der *Nachhaltigkeitskommunikation* habe ich jedoch eher eine Querschnittsaufgabe, um so das Thema kommunikativ in der Gesamtkommunikation besser abbilden zu können. Reden wir über die Programme, wo auch der Schwerpunkt meiner Arbeit liegt. Aus meiner Abteilung heraus werden die konzernweiten globalen Engagement-Themen des Konzerns gesteuert. Also all das, was wir freiwillig entlang der SDGs aus eigenem Antrieb, in aller Regel zusammen mit externen Not-for-Profit-Partnern auf die Beine gestellt haben und stellen. In unterschiedlichen Themenbereichen, von denen wir glauben, dass wir da einen wertvollen, wirkungsorientierten Beitrag für die Gesellschaft und Umwelt leisten können.

MAS: Was treibt Sie persönlich an? Und gibt es eine Schnittmenge zu dem, was Sie bei DHL tun?

CS: Die gibt es ganz sicher. Was mich sehr stark motiviert, ist die Möglichkeit, die wir als international agierendes Unternehmen haben. Deutsche Post DHL Group kann mit geballter Energie und Kraft in gesellschaftlichen Fragestellungen einen positiven Beitrag leisten. Und zwar einen Beitrag, der so ohne uns oder ohne die Konstellationen, wie wir sie über die Jahre aufgebaut haben, nicht möglich wäre. Und auch gleichzeitig das Feedback zu bekommen, dass wir so auf dem richtigen Weg sind und tatsächlich Probleme beherrschbarer machen. Kleiner machen. Gemeinsam Lösungen entwickeln. Solche Themen treiben mich schon sehr stark an. Für uns ist die Frage nach »Purpose« einfach zu beantworten. Das empfinde nicht nur ich so, sondern mein ganzes Team.

MAS: Hat es in Ihrem Leben, in Ihrer beruflichen Entwicklung einen bestimmten Moment gegeben, von dem aus Sie auf diese »Social Impact«-Programme zugesteuert sind?

CS: Ich habe lange für den Konzern im Bereich Public Affairs gearbeitet. Das war ein spannender Einstieg. Von da aus wollte ich mich gerne im Konzern weiterentwickeln. Ich habe mich entschieden, einen MBA Entrepreneurship zu machen. Im Rahmen des MBA habe ich mich dann sehr stark mit Themen rund um »Social Entrepreneurship« und »Social Business« beschäftigt. Das war die Zeit, als in Deutschland Organisationen wie Ashoka Fuß gefasst haben und damit das Thema Social Entrepreneurship auf die Agenda gekommen ist. Gleichzeitig hat mit Phineo das Thema Wirkungsorientierung eine immer stärkere Rolle in den Diskussionen gespielt. Ich hab dann meinen MBA genutzt, um mich damit theoretisch zu beschäftigen. Parallel hat die Deutsche Post DHL Group damals angefangen, im Thema »Bildung« aktiv zu werden. Unser erster Partner beziehungsweise die erste Organisation, auf die wir zugegangen sind, war *Teach First* Deutschland.

Die saßen damals in der Hertie School. Sie waren eine Art Ausgründung, entstanden aus einer Abschlussarbeit bei der Hertie School. Und die Hertie School hatte ihre Räume schräg gegenüber der Repräsentanz. Ich bin einfach rübergegangen, habe mich vorgestellt: Hallo, ich bin Christoph! Was macht ihr hier? Und wie ist das alles? Und so habe ich parallel zu meinem MBA angefangen, das erste Netzwerk in der deutschsprachigen Szene aufzubauen. Und fand das sehr interessant. Als ich dann die Gelegenheit hatte, in das Thema Bildung reinzugehen, war das für mich eine tolle Möglichkeit, mich im Konzern weiterzuentwickeln. Wie gesagt, damals als Projekt angedacht, bin ich dann von Berlin nach Bonn in die Zentrale gegangen und dachte: Okay, das ist vielleicht jetzt für ein Jahr oder zwei. Das war im Herbst 2009. Es ist also zwölf Jahre her.

Letztlich habe ich das Thema »Social Business« auch zum Thema meiner Abschlussarbeit für den MBA gemacht. Da ging es um neue Vorgehensweisen bei der Geschäftsmodellentwicklung. Und ich hab mir das dahingehend angeguckt, wie man Modelle weiterentwickeln müsste, wenn man sie für das Thema »Social Business« oder »Social Entrepreneurship« anwendet. Was aus meiner Sicht damals eben eine viel komplexere Anforderung war gegenüber einem klassischen Business. Das hat mich umgetrieben. Auch von dieser theoretischen Seite her fand ich das spannend.

MAS: Der Schwerpunkt des Engagements bei der Deutschen Post DHL Group ist *Employability* bei diesen »Social Impact«-Bildungs-Programmen. Wie ist es dazu gekommen? Und die interessante Frage: Wie lässt sich so was in diesen vielen Ländern umsetzen, in denen Ihr Unternehmen unterwegs ist?

CS: *Employability* ist tatsächlich eins der großen Themen. Wir haben eine **Go**-Programm Logik entwickelt über die Jahre. Und *Employability* ist der wesentliche Schwerpunkt in unserem **GoTeach**-Programm. Wir haben daneben noch ein **GoHelp**-Programm in Kooperation mit den Vereinten Nationen. Katastrophenhilfe und Prävention: ein relativ neues Programm namens **GoTrade**. Hier geht es um grenzüberschreitenden Handel und die damit verbundenen Entwicklungsmöglichkeiten, um Angebote für Small Medium Enterprises, um diesen Zugang zu globalen Märkten zu ermöglichen, zu E-Commerce. Als Teil von **GoGreen** pflanzen wir eine Millionen Bäume pro Jahr und wir sehen viele aus dem Engagement der Kolleginnen und Kollegen heraus angetriebene Aktivitäten mit Umweltbezug.

Das war damals eine sehr spannende Entwicklung. Als die Idee im Konzern aufkam, Bildung als ein wesentliches Thema auf die Agenda zu setzen, haben wir lange überlegt, wie dieses Engagement aussehen könnte. Als Unternehmen muss man sich immer die Frage stellen: Wie nähere ich mich einem Thema? Hat es etwas mit meiner Kernkompetenz zu tun? Als Logistiker haben wir gefragt: Müssten wir nicht eigentlich »Logistik« vermitteln? Eher nicht. Dann war die Frage: Welchen Zugang haben wir? Und wir haben realisiert, dass wir aufgrund der Tatsache, dass wir in all diesen Ländern nicht einfach nur aktiv sind, in aller Regel mit lokalen Kolleginnen und Kollegen vertreten sind. Damit haben wir in jedem Land der Erde ausgewiesene Expertinnen und Experten, wie man erfolgreich den Übergang von der Schule in den Beruf schafft.

Und dass wir vor allen Dingen diese Expertise auch in Ländern haben, wo die Rahmenbedingungen sehr schwierig sind. Zumindest deutlich schwieriger als zum Beispiel in West- und Mitteleuropa. Mit dieser Idee sind wir auf potenzielle Partner zugegangen. Damals haben wir das Thema *Employability* vor allen Dingen mit SOS-Kinderdorf zusammen entwickelt. Eine große Herausforderung für uns als Organisation, weil das ohne Netzwerke und externe Partner nur ganz schwer gelingt. Das war uns bewusst. Wir haben dann Folgendes angeboten: Lasst uns überlegen, ob und wie es uns gelingen kann, unsere eigenen Kolleginnen und Kollegen dazu zu bewegen, ihre eigenen persönlichen Erfahrungen beim Übergang von der Schule in den Beruf mit den Jugendlichen zu teilen. Das ist uns gelungen.

Dieses Thema definiert sich über den erfolgreichen Übergang von der Schule in den Beruf. Wir haben eine Zielgruppe definiert: Jugendliche, die das aus eigener Kraft nicht oder nur schwer schaffen könnten beziehungsweise alle Jugendlichen, die durch unsere Partner erreicht werden, sind automatisch unsere Zielgruppe. Und wir haben eine dritte Kategorie: Die wesentliche Rolle in der Umsetzung der Programme haben unsere Kolleginnen und Kollegen. Das »Wie« der Umsetzung vor Ort haben wir komplett offengelassen. Und so hatte jedes Land die Möglichkeit, sich eigene Gedanken zu machen. Nicht nur auf DPDHL-Seite, sondern gemeinsam mit dem Partner. Wie sind hier die Rahmenbedingungen? Was sind die spezifischen Anforderungen? Wie sind wir hier als DPDHL aufgestellt? Wie setzt sich die Belegschaft vor Ort zusammen? Und daraus ist dann eine Vielzahl an unterschiedlichen Formaten entstanden, die am Ende immer das gleiche Thema bedienen und immer die gleiche Wirkungslogik haben, aber eben sehr stark an den lokalen Gegebenheiten ausgerichtet sind. Das ist sicher eine unserer wichtigsten Erfolgsfaktoren: Wir haben gar nicht erst versucht, aus der Konzernzentrale heraus ein einheitliches Format zu entwickeln.

MAS: Also wird die Vielfalt genutzt, die DHL international hat, um dann immer wieder zu gucken, was im jeweiligen lokalen Kontext passt?

CS: Wir nennen es »Local Ownership«, um die Energie auch vor Ort zu belassen. Wie sollten wir aus Deutschland heraus wissen, was in Uganda das Beste wäre, in Peru oder in Vietnam? Findet das selber raus und schaut, was passt, und entwickelt es zum Programm. Und wir begleiten euch gerne dabei. Wir helfen auch beim Austausch mit anderen, dass nicht jedes Mal wieder das Rad neu erfunden werden muss. Genau das hat, glaub ich, eine Menge Energie freigesetzt, weil die Kolleginnen und Kollegen vor Ort eben auch das Gefühl hatten: Okay, das ist ein toller Rahmen. Da können wir selbst wirksam werden.

MAS: Wir? Das beantwortet ja bereits die Frage, wie Sie die Menschen, Ihre Kolleg:innen motiviert haben? Gab es mal Gegenwind von den Kolleg:innen? Oder gab es sogar auch mal Kritik von Konsument:innen? Und wenn, wie sind Sie damit umgegangen?

CS: Richtigen Gegenwind würde ich nicht sagen. Wenn ich mir unser **GoHelp**-Programm so angucke, dann ist es klar, dass wir hier mit unserer logistischen Kernkompetenz einen Mehrwert schaffen können. Bei **GoTeach** ist das etwas erklärungsbedürftiger. Wir sind auch zurückhaltend, mit der Terminologie »Social Impact« zu argumentieren, weil wir schon die Rückmeldung kriegen, dass das eher eine akademische Terminologie ist, mit der die Kollegen vor Ort nicht unbedingt etwas anfangen könnten, sich damit nicht beschäftigt haben. Wir sprechen von »Volunteering« oder »wirkungsorientiertem Engagement«. Wir unterscheiden in »skills based« oder »hands on«, machen das an einfachen Beispielen fest. Wenn ihr in eurer Kompetenz und in eurem eigenen Erfahrungshorizont oder in eurem eigenen Erfahrungskontext bleibt, ist die Wahrscheinlichkeit, dass ihr da was Positives bewirkt, größer, als wenn ihr das nicht macht. Unsere Partnerorganisationen ermöglichen uns den Zugang zu den relevanten Zielgruppen. Die meisten Menschen sind positiv überrascht, wenn sie erfahren, was wir alles machen. »Das ist ja toll! Das hätte ich ja gar nicht gedacht. Das wusste ich ja gar nicht von euch. Oh, das scheint ja ein ernsthaftes Engagement zu sein.«

MAS: Es ist ja eine der zentralen Fragen, die wir versuchen, mit dem Buch *Corporate Social Mind* darzustellen. Was ist die Rolle des Unternehmens? Wie kann die aussehen? Von daher spannend. Sie haben schon auf die Wirkung rekurriert. Wie versuchen Sie, diese in Ihrem Bereich zu erfassen? Und wie ist sie dann für die Deutsche Post DHL Group?

CS: Wirkung ist ein großes Wort. Sie kennen die Kategorien: Input, Output, Outcome und Impact. **(IOOI)** Die Impact-Ebene haben wir noch nicht erreicht. Auf der Outcome-Ebene haben wir eine Vorstellung, welche Art der Veränderung wir bewirken. Bei den jungen Menschen, mit denen wir zusammenarbeiten, auch bei unseren Kolleginnen und Kollegen, die sich engagieren. Und vielleicht auch noch auf einer Organisationsebene. Sowohl bei uns wie auch bei den Partnerorganisationen. Wenn man über die Wirkung aufs Individuum spricht, muss man noch mal unterscheiden. Ist das eine direkt messbare Wirkung, die man beim Thema *Employability* nur sehr schwer greifen kann? Wir reden hier über sehr lange Zeithorizonte. Und am Ende ist *Employability* auch eine sehr individuelle Kategorie, oder? Der Trick, zu dem wir gegriffen haben: Wir fragen die gefühlte Veränderung ab. Fragen sowohl bei unseren Kolleginnen und Kollegen als auch bei den Jugendlichen, mit denen wir arbeiten, ab, was sich denn für sie in der Wahrnehmung geändert hat durch die Teilnahme an diesem Programm.

Und bekommen Rückmeldungen wie: »Ja, wir fühlen uns besser vorbereitet auf das, was da kommt. Wir haben das Gefühl, den besseren Überblick zu haben über die Möglichkeiten, die wir haben. Wir haben erste Netzwerke gebildet. Wir trauen uns jetzt mehr zu.« Es scheint, als stärke das Programm in den Kategorien Selbstbewusstsein und Selbstwirksamkeit. In der Altersgruppe fünfzehn Jahre und aufwärts eine ganz entscheidende Voraussetzung, um mit einer gewissen Offenheit und Selbstbewusstsein herauszutreten und zu sagen: »Okay, ich will jetzt das. Oder das.

Jetzt hab ich eine Vorstellung davon, was machbar ist, auch für mich. Oder ich kenne da jemanden, der das geschafft hat. Und dann leiten viele daraus für sich das Selbstvertrauen ab, das vielleicht auch für sich hinzukriegen.

MAS: Das scheint ja ein sinniger erster Schritt zu sein, um über *Outcome* zu reden…

CS: Genau das ist ein erster wichtiger Schritt. Neben der Outcome-Messung ist es uns besonders wichtig, dass wir das, was wir in dem Programm gelernt haben, nicht für uns behalten. Um beim Beispiel GoTeach und unserer Partnerschaft mit SOS-Kinderdorf zu bleiben: Wir haben über die letzten Jahre begonnen, auf andere Unternehmen zuzugehen. Versuchen, andere zu gewinnen für eine ähnliche Art der Zusammenarbeit mit SOS-Kinderdorf. Einfach um perspektivisch in der Lage zu sein, zumindest für jede oder jeden Jugendlichen, der oder die durch unsere Partnerorganisationen erreicht wird, irgendwie ein Angebot zu schaffen, selbst wenn das Angebot am Ende nicht von DPDHL kommt. Wenn uns das gelingt, jedes Jahr Hunderttausende von Jugendlichen erreichen zu können aus diesem Netzwerk heraus, dann bin ich auch gerne bereit, mal über *Impact* zu sprechen.

MAS: So gute und konkrete Erfahrungen bringen mich zu der Frage: Was sollte aus Ihrer Sicht ein Unternehmen bedenken, wenn es anfängt, sich gesellschaftlich zu engagieren?

CS: Also, ich glaube, dass die ersten Schritte leicht sind. Am Anfang steht immer die Frage: Wer bin ich denn überhaupt? Was kann ich besonders gut? Was zeichnet mich aus? Und hier komme ich noch mal zu unserem Beispiel zurück. Bei uns ist es die Logistik, die in **GoHelp** zum Einsatz kommt. Und die Tatsache, dass wir so viele Kolleginnen und Kollegen in ganz vielen Ländern haben, wirkt in **GoTeach**. Und dann noch in **GoTrade**. Es ist die Fähigkeit und das Wissen um grenzüberschreitenden Handel, das wir im Konzern haben, was wir hier einsetzen. Wenn ich mir diese eigenen Unternehmensstärken oder -Spezifika bewusst mache, ist das der erste Schritt. Der zweite Schritt aus meiner Sicht ist, sich einfach die ausführliche Liste der **SDGs** für 2030 vorzunehmen und durchzustöbern. Einfach überall Haken zu machen, wo man sich in irgendeiner Form angesprochen fühlt. Von den knapp 170 Punkten bleiben dann vielleicht zehn oder fünfzehn übrig. Schon mal eine erste Auswahl.

Die dritte Frage, die ich mir stellen muss, ist: Was bin ich denn bereit und in der Lage zu geben? Da gibt es eine sehr schöne, sehr einfache Matrix. Es wird unterschieden auf der Inputebene zwischen Zeit und Geld. Was habe ich? Wovon hab ich zu viel? Oder was bin ich bereit zu machen? Wir bei Deutsche Post DHL Group investieren eben viel Zeit. Banken oder andere können vielleicht eher Cash geben. Das hängt auch vom Geschäftsmodell ab.

Dann muss ich mir überlegen, ob ich eher situativ was tun will. Charitable zum Beispiel: heute Flut, morgen Afghanistan, übermorgen Covid und überübermorgen wieder was anderes. Oder will ich eher langfristig und strategisch vorgehen? Suche ich mir bestimmte Themen aus?

Oder gehe ich eher auf das, was man Commercial Initiatives nennt? Wo der Partner zwar auch Non-Profit ist, aber es doch eher um Sportförderung geht, wo ich Lehrstühle an Hochschulen fördere oder den Marathon in meiner Stadt. In solchen Engagements ist der Marketinganteil höher.

Solche Gedanken sollte ich mir machen. Es muss auch kein Entweder-Oder sein. Einen Schwerpunkt sollte man aber schon für sich identifizieren. Dann bin ich schon weit. Und aus diesem Portfolio heraus kann ich mir dann schon zwei, drei Sachen raussuchen. Und nun kommt der wohl herausfordernde Schritt. Nämlich die Frage: Mit wem mache ich das denn? Qua Definition kann ich solche Themen als Unternehmen nicht alleine besetzen, sondern bin darauf angewiesen, einen Partner an meiner Seite zu haben, der wirklich die Expertise für dieses Thema, abgeleitet aus den SDGs, mitbringt. Da wird es dann noch herausfordernder. Ich muss mich erst mal in dem Thema schlaumachen. Und mich in potenzielle Partnerorganisation so weit reindenken, dass ich in der Lage bin herauszufinden: Was sind die Punkte, die die vielleicht alleine nicht können? Wo könnte ich als neuer Partner einen Mehrwert leisten?

MAS: In diesem Buch beschreiben wir genau das: Zuhören. Erst einmal viel zuhören und hinschauen, wo man andocken kann. Wenn Ihnen jemand gegenübersitzt, der so einen Job, wie Sie den jetzt haben, anfängt, und der fragt Sie nach zwei praktischen Tipps: Was raten Sie ihm oder ihr?

CS: Oh, eine spannende Frage. Also. Der wesentliche Tipp wird immer sein: »Denk immer größer als das, was dir im Moment realistisch erscheint!« Gerade wenn man das aus einem Unternehmen heraus macht. Ich rede jetzt mal über die größeren Unternehmen. Ich glaube, dass die meisten Unternehmen ihre Möglichkeiten, die sie auch jenseits der finanziellen Möglichkeiten haben, unterschätzen. In der Regel unterschätzen sie ihre Möglichen, Sinnvolles zu tun, und sie überschätzen den Aufwand, der dahintersteht. Deswegen rate ich jedem, der in so einem Bereich anfängt, einfach mutig zu sein und das Unmögliche zu versuchen. Und auch einen langen Atem zu haben. Manche Dinge brauchen einfach ihre Zeit. Und man braucht auch eine gewisse *Street Credibility*. Und die bringt keiner einfach mit. Die muss sich jeder über die Zeit erarbeiten. Und wenn du dann mal ein paar Partner hast, mit denen du wirklich gut arbeiten kannst, dann wird es auch viel einfacher.

MAS: Was hat sich, wenn Sie so auf Ihren Job heute gucken, verändert? Wir haben in unserer Beratungspraxis mitbekommen, dass die Unternehmen mitunter sagen: »In den letzten zwei, drei Jahren mit Covid, mit ESG und so haben wir so viel *Exposure* auf dem Level mit unserem gesellschaftlichen Engagement wie noch nie.« Ist das auch etwas, was Sie wahrnehmen?

Hat sich das tatsächlich verändert in der Positionierung von so einem Unternehmen?

CS: Es hat sich verändert. Es wird heute von keinem Unternehmen mehr grundsätzlich infrage gestellt. Und es wird eigentlich von allen Beteiligten als ein integraler Bestandteil eines nachhaltigen Unternehmenserfolgs, einer nachhaltigen Unternehmensstrategie akzeptiert oder gesehen. Wir merken, dass im Zuge der Umweltdiskussion das Thema »Impact« ins Bewusstsein gerückt ist. Und jetzt auch übertragen wird auf die anderen Themen, mit denen man sich befasst. In unserer aktuell veröffentlichten Nachhaltigkeits-Roadmap haben wir für die gesellschaftlichen Themen »*Creating Social Impact*« in den Mittelpunkt gesetzt. Das hätten wir vor zehn Jahren so wahrscheinlich nicht gemacht. Heute ist das klar. Das heißt nicht, dass wir jetzt am Ende sind. Aber es ist ein Bekenntnis und ein Anspruch. Mein Tipp also für die jungen Kolleg:innen: Da geht immer noch was! Da ist aber eher die Frage: Wie können wir das noch cleverer, wie können wir das noch effizienter, wie können wir das noch besser machen? Multi-Stakeholder-Logik: Wie können wir noch mehr Leute einbinden, um so ein Thema wirklich von allen Seiten her zu bearbeiten? Und wie können wir dann auch diese Komplexität beherrschen? Grundsätzlich aber stellt das Thema niemand mehr infrage.

MAS: Noch zurück zu den Tipps. Gibt es aus der Managementlehre heraus ein Werkzeug, das für Sie ganz wichtig war, um diese Social Impact Programme auf den Weg zu bringen. Außer **IOOI?**

CS: IOOI ist tatsächlich der Kern. Die Beschäftigung mit IOOI ist für mich Grundlage des Verständnisses hinter dem, was man da überhaupt macht. Genau in den Kategorien sind wir unterwegs. In den Kategorien formulieren wir unsere Ziele, formulieren wir unsere **KPIs**. Das braucht man. Es muss immer ein »Social Case« geben, es muss aber auch ein Business Case geben. Es ist klar, dass wir versuchen, Dinge zu tun, die sich aus dem, wer wir sind als Unternehmen und was wir besonders gut können, heraus ableiten und wo wir auch tatsächlichen Mehrwert leisten. Es ist auch völlig klar, und da folgen wir dann der Definition von B4SI. Sie sagen, es muss immer einen Partner geben und dieser Partner ist immer Non-Profit. Das ist das Grundgerüst. Aber das ist wirklich ein einfacher Rahmen, an dem wir uns orientieren. Und aus dem man dann eine Menge ableiten kann. Als Standardwerk würde ich, glaube ich, immer das Handbuch von B4SI nehmen, weil da Corporate Citizenship auch definitorisch, finde ich, am sinnvollsten abgegrenzt ist. Da sind alle wesentlichen Infos drin. Wenn man das mit der Liste der SDGs kombiniert, hat man eigentlich schon alles, was man braucht. Wenn man dann noch weiß, wer man ist, dann ist der nächste Schritt einfach.

MAS: Meine letzte Frage ist wahrscheinlich die schwierigste. Was ist aus Ihrer Sicht das wichtigste Argument, warum ein Unternehmen sich gesellschaftlich engagieren soll?

CS: Weil es so großartig auch nach innen wirkt. Ein wesentlicher Key Performance Indicator für die allermeisten Unternehmen ist das Thema *Employee Engagement.* Wie schaffe ich es, den psychologischen Vertrag zwischen Arbeitnehmer und Arbeitgeber zu stärken? Wir wissen empirisch, welchen Einfluss unsere Themen haben. Und jetzt mal ganz praktisch. Ich nehme das Thema *Fluthilfe:* So viele unserer eigenen Kolleginnen und Kollegen aus dem Raum Köln-Bonn sind unmittelbar betroffen. Und wir sind jetzt in der Situation, dass wir im Unternehmen die Betroffenen UND die Helfenden haben. Sie können sich nicht vorstellen, was das im Unternehmen auch emotional macht, festzustellen, welche Wirksamkeit jeder Einzelne hat und erlebt in so einer unmittelbaren Notsituation. Also allein dafür lohnt es sich schon. Und jetzt noch mal abstrakt. Das ist ja auch ein bisschen die Logik, vor allen Dingen hinter **SDG 17,** zu sagen, dass die meisten Herausforderungen, denen wir uns gegenübersehen, so komplex sind, dass sie ganz sicher nicht von einer Partei aus einem Bereich herausgelöst werden können. Und das ist ganz klar der Aufruf: Schließt euch zusammen! Versucht, das von verschiedenen Seiten zu beleuchten! Und jeder trägt das zur Lösung bei, was er am besten kann. Und aus der Logik heraus wird eine Problemlösung nicht gelingen, wenn ich die Unternehmen außen vor lasse. Es gibt da schon einen Imperativ, etwas zu tun. Aber es ist auch wirklich cool! Es entfaltet eine unglaubliche Kraft nach innen.

KAPITEL 7

Merkmal 7: Ein die gesellschaftliche Verantwortung wahrnehmendes Unternehmen misst soziale Wirkung

Unternehmen mit sozialem Bewusstsein messen die (Aus-)Wirkungen ihrer Entscheidungen auf alle Bereiche der Gesellschaft und ihr Geschäft. Sie legen bewusst Wert auf Transparenz und berichten regelmäßig über Finanzen, Produktentwicklungen, gesellschaftliche Wirkung sowie Auswirkungen auf Mensch und Erde.

Das oft gehörte, in sich gegensätzliche Zitate veranschaulicht vielleicht am besten, wie schwierig es ist, den sozialen Einfluss eines Unternehmens zu messen. Der Physiker Albert Einstein soll gesagt haben: »Nicht alles, was zählt, kann gezählt werden, und nicht alles, was gezählt werden kann, zählt«. Viele von uns würden intuitiv zustimmen. Die Wirkung eines Anti-Mobbing-Programms in einer Schule geht weit über die Zahl der physisch geschützten Schüler hinaus. Anti-Mobbing-Programme können sich zum Beispiel auf das allgemeine Schulklima oder sogar auf die Gesundheit der Schülerschaft auswirken. Bei dem Freiwilligenprojekt eines Unternehmens in einer Obdachlosenunterkunft geht es nicht nur um die Anzahl der von Kolleg:innen ausgegebenen Mahlzeiten. Das Programm motiviert vielleicht sogar einige Mitarbeiter:innen, sich langfristig in der Einrichtung zu engagieren. Auch die teambildende Wirkung auf den beteiligten Kollegenkreis sollte man nicht unterschätzen.

Ein Geschäftsführer, der sich für die innovative, nachhaltige Verpackung eines Produkts einsetzt, kann auf lokaler, nationaler und sogar globaler Ebene etwas bewegen und für Mensch und Planet Gutes tun. Das Interview mit Rüdiger Fox von Sympatex (im Anschluss an das Kapitel zum 1. Merkmal) zeigt, wie ein mutiges Bekenntnis zu den Nachhaltigkeitsprinzipien eines Produkts zu einem echten Umdenken in einer Branche führen kann – auch wenn Reichweite Zeit braucht.

In der Wirtschaft halten die meisten Menschen es jedoch lieber mit einem Zitat des Management-Papsts Peter Drucker, der einmal sagte: »Was man nicht messen kann, kann man nicht lenken.«[1] Vielleicht kennen Sie auch die Abwandlung dieses Zitats: »Was gemessen wird, wird erledigt.« Der besagte Zusammenhang zwischen Ursache und Wirkung von Messungen scheint offensichtlich zu sein. Schaut man jedoch genauer hin, vor allem wenn es um gesellschaftliches oder Umweltengagement geht, sind (Aus-)Wirkungen viel komplexer, vielfältiger und manchmal sogar unbeabsichtigt.

Im Management geht es im Wesentlichen um Dinge wie Controlling, Zahlen und Normen. Nehmen wir die Fertigung eines Autos: Einerseits wird sie von der Kunstfertigkeit der Ingenieur:innen bestimmt, zum anderen spiegelt sie das Bestreben des Managements wider, die Produktion möglichst schlank zu gestalten. Am Ende sind die Herstellungskosten für die Fertigung des Autos in der Regel aber für beide Seiten das Maß aller Dinge. Im Gegensatz zu allem, was die Fachwelt in Druckers Werk hineininterpretiert hat, hat er festgestellt, dass dies nie der Fall ist.

Als Beispiel dient ihm die Analyse von Unfällen, die durch ein Auto verursacht werden. Dabei kommt er zu dem Schluss: »Das richtige Maß zu finden, ist keine mathematische Übung, sondern ein riskantes Wagnis.«[2] Ein »riskantes Wagnis« bedeutet, sich bezüglich Zahlen, Kosten oder Effizienz weit aus dem Fenster zu lehnen. So gesehen geht es beim Messen vielmehr um Beobachtung, Verständnis und die Annäherung an die Wirkung des sozialen Engagements eines Unternehmens.

FOKUS

Das Konzept der (Wirkungs-)Messung ist im Bereich der Unternehmensführung sehr umstritten. Für die einen ist es ein Unwort, für die anderen eine Zauberformel. Der Abstand zwischen diesen beiden Extremen scheint sich schnell zu vergrößern, wenn es um das soziale Engagement von Unternehmen geht. Wie kann man die tatsächliche Wirkung von sozialem Engagement messen?

In diesem Kapitel gehen wir den folgenden Fragen nach:

- Warum ist es so schwierig, die Wirkung des gesellschaftlichen Engagements eines Unternehmens zu messen?
- Welche grundlegenden Konzepte gibt es, um sich dieser Herausforderung zu stellen?
- Wie wird sich dieser Bereich mit der zunehmenden Verfügbarkeit von Daten zu gesellschaftlichen Themen verändern?
- Warum sollten wir immer noch Vorsicht walten lassen und akzeptieren, dass die Messbarkeit in diesem Bereich ihre Grenzen hat?

MERKMAL 7 IN DER PRAXIS

In der Regel misst man, um Dinge zu verbessern. Heutzutage ist die Durchführung von Messungen in vielen Bereichen der Wirtschaft gesetzlich verankert. In Europa schreibt die EU-Richtlinie 2014/95/EU großen Unternehmen vor, regelmäßig Berichte über die sozialen und ökologischen Auswirkungen ihrer Tätigkeit zu veröffentlichen. Unternehmen und Wirtschaftsprüfer:innen in ganz Europa haben im Laufe der Jahre vielfältige Möglichkeiten zur Einhaltung dieser Richtlinie entwickelt. Durch Indizes wie den Dow-Jones-Nachhaltigkeits-Index sind Unternehmen auf der ganzen Welt aufgefordert, über ihr soziales Engagement zu berichten, obwohl keine Verpflichtung dazu besteht. Auch die scheinbar täglich wachsende Anzahl von ESG-Ratings beruht auf diesen Berichten. Eine wachsende Zahl nationaler Gesetzgebungsorgane auf der ganzen Welt verlangten eine ähnliche Dokumentation des sozialen Engagements:

- Niederlande und Vereinigte Staaten: Unternehmen, die eine bestimmte Anzahl von Pro-bono-Stunden nicht nachweisen können, kommen für öffentliche Aufträge nicht infrage.

- Südafrika: Seit 2008 sind in den Vorschriften zur Umsetzung des Companies Act Nr. 71 die Erwartungen und Beträge für Reinvestitionen in das Gemeinwesen für Unternehmen festgelegt. Der King Report on Corporate Governance for South Africa 2016 (»The King IV Report«) geht noch einen Schritt weiter, indem er konkrete Erwartungen an Unternehmen stellt, sich in den Gemeinden, in denen sie tätig sind, zu engagieren.

- Indien: Die indische Regierung erließ 2013 den Abschnitt 135 des Indian Company Acts, der in Indien tätige Unternehmen gesetzlich verpflichtet, zwei Prozent des durchschnittlichen Nettogewinns für gesellschaftliches Engagement einzusetzen.

- Die EU hat im Juli 2021 einen ersten Entwurf für eine Sozial-Taxonomie vorgelegt im Rahmen eines Systems zur Regulierung von Nachhaltigkeitsaktivitäten insgesamt. Diese Überlegungen gelten als Grundlage für das Berichtswesen zum EU-Green-Deal.

Dies sind nur einige wenige der externen und rechtlichen Rahmenbedingungen, durch die heute weltweit soziales Engagement erfasst wird.

Daneben gibt es häufig in Unternehmen strenge interne Maßnahmen, weil klar ist, dass sich gesellschaftliches Engagement auf die Innovationsfähigkeit eines Unternehmens, sein Risiko-/Reputationsmanagement, das Qualitätsmanagement, Compliance und somit auch auf sein Gesamteinkommen auswirkt. Was bedeutet dies für die Erfassung der Wirkung des gesellschaftlichen Engagements?

SOZIALE WIRKUNG MESSEN – ABER WIE?

Beginnen wir unseren praxisbezogenen Ausflug in die Welt der sozialen Wir kungsmessung bei einem Unternehmen in Granada. Die Stadt in Andalusien blickt auf eine reiche und turbulente Geschichte zurück. Im frühen Mittelalter war sie ein lebendiger Schmelztiegel der Kulturen. Heute ist sie eine wichtige Universitätsstadt, Wirtschaftszentrum und beliebtes Ziel für Forschungskonferenzen.

Im September 2013 organisierte die Mondelēz International Foundation im Rahmen des Internationalen Ernährungskongresses in Granada eine Veranstaltung, auf der Möglichkeiten zur Messung der Wirkung ihres weltweiten sozialen Engagements untersucht wurden. Die Stiftung wollte Kennzahlen einzelner NGO-Partner zu einem gemeinsamen Indikatorensystem weiterentwickeln.

Mondelēz, eines der größten Lebensmittelunternehmen der Welt, setzte sich damals vor allem für das gesunde Aufwachsen von Kindern ein. Dazu arbeitete der Konzern mit lokalen gemeinnützigen Organisationen zusammen, die Ernährungsunterricht mit der Förderung von körperlicher Bewegung verbinden beziehungsweise Kindern Zugang zu frischen Lebensmitteln ermöglichen. Damals befand sich das Förderprogramm von Mondelēz noch in den Kinderschuhen. Heute umfasst es Partnerschaften in mehr als 18 Ländern.

Die folgenden zwei Beispiele veranschaulichen, was die NGO-Partner der Mondelēz International Foundation eigentlich machen:

- Klasse2000 ist ein gemeinnütziges Unterrichtsprogramm zur Gesundheitsförderung, an dem jährlich mehr als 16 000 Grundschulklassen in Deutschland teilnehmen. Evidenzbasierte pädagogische Interventionen helfen den Schüler:innen, ein gutes Selbstwertgefühl zu entwickeln. Sie lernen, wie gesunde Ernährung funktioniert und welche Bedeutung Sport und Bewegung haben.

- Die China Youth Development Foundation unterstützt Schulen vor allem im ländlichen China mit moderner Küchenausrüstung und schult das Schulpersonal zu gesunder Ernährung. Ziel ist es, gesündere Lebensmittel anzubieten und gleichzeitig dafür zu sorgen, dass Kinder während des Schultags genügend Zeit für Bewegung und Spiel haben.

Zurück ins Jahr 2013. Als einer der größten Hersteller von Snacks hat sich Mondelēz stets dafür eingesetzt, dass Kinder lernen, was es heißt, gesund zu leben. Der Konzern hat sich nicht gescheut, sich mit dem kaum zu übersehenden Widerspruch zwischen seinen Produkten (zum Beispiel Kekse oder Schokolade) und seinem sozialen Engagement auseinanderzusetzen.

Die Vertreter:innen der NGOs kamen gut vorbereitet zu der Veranstaltung in Granada. Mit Unterstützung von Expert:innen hatten sie eine sogenannte »Theory of Change« (fachsprachlich auch als »Theorie des Wandels« bezeichnet, die ein Wirkungsmodell beschreibt, das langfristige Ziele und nötige Bedingungen zur Zielerreichung definiert) für ihre Arbeit mit Kindern und Jugendlichen entwickelt.[3] Die anwesenden NGO-Vertreter:innen erläuterten ihre Berichtkennzahlen und legten dar, wie sich der Beitrag der Stiftung auf ihre Arbeit und die Kinder ausgewirkt hatte.

Am Ende der Veranstaltung legten die Teilnehmer:innen erste Indikatoren fest, die von der Stiftung und allen NGO-Partnern einheitlich verwendet werden sollten. In seinem Fortschrittsbericht *Impact for Growth 2017* führt Mondelēz die folgenden Indikatoren für die Aufklärung zur Förderung eines gesunden Lebensstils auf der Grundlage der Workshop-Ergebnisse in Granada auf:

1. Ernährungswissen: Prozentsatz der Programmteilnehmer:innen, die ihr Ernährungswissen verbessern.

2. Körperliche Aktivität: Prozentsatz der Teilnehmer:innen, die täglich mindestens 30 Minuten körperlich aktiv sind.

3. Gesündere Ernährung: Prozentsatz der Teilnehmer:innen, die nach eigenen Angaben mehr Obst, Gemüse und andere frische Lebensmittel essen.[4]

Diese Indikatoren gehören inzwischen zu den Standardmesswerten in diesem Bereich. Die Weltgesundheitsorganisation verwendet sie, um die Wirksamkeit von Maßnahmen zur Bildung zu einer gesunden Lebensweise zu bewerten.

Der Ansatz der Mondelēz International Foundation zur Entwicklung eines Verständnisses der Wirksamkeit ihrer gemeinsamen Initiative kombinierte eine Reihe von Merkmalen, die für die Bewertung von gesellschaftlicher Wirkung eine wichtige Rolle spielen.

MESSUNG VON SOZIALER WIRKUNG DURCH DIE MONDELĒZ INTERNATIONAL FOUNDATION

- Die Stiftung wählte eine Methode, mit der sie durchgängig arbeitet, und sicherte sich die Unterstützung durch einen auf den Gesundheitssektor spezialisierten Evaluierungsforscher (bezüglich Glaubwürdigkeit und Fachwissen).
- Die Stiftung bot ihren Partnern Unterstützung beim Aufbau von Kapazitäten an, um die Datenerhebung in die eigene Arbeit einfließen zu lassen.
- NGOs und andere Stakeholder:innen wurden aufgefordert, sich an der Entwicklung der Theorie des Wandels und des Messrahmens zu beteiligen. Eine solche Einbeziehung ist für den letztendlichen Erfolg entscheidend.
- Die Stiftung nutzt die Methoden und Indikatoren zur Planung ihrer Arbeit weiter. Die Messung der gesellschaftlichen Wirkung ist nur dann sinnvoll, wenn sie in die Strategie- und Umsetzungsplanung integriert wird.
- Das Instrument und die Indikatoren ermöglichen es der Stiftung, mit ihrer Initiative gemeinsam Wirkung zu erfassen und gegenüber Aktionären, Geschäftsführung, Medien und breiter Öffentlichkeit auf transparente und nachvollziehbare Weise Rechenschaft abzulegen.

DIE IOOI-METHODE

Wer sich mit sozialen (Aus-)Wirkungen und der sozialen Verantwortung von Unternehmen befasst, stößt immer wieder auf vier Begriffe: Input (Einsatz), Output (Ergebnis), Outcome (Auswirkung) und Impact (Wirkung) – IOOI. Dieser sogenannte IOOI-Ansatz zur Messung von Wirkung findet derzeit in der Unternehmenswelt die breiteste Anwendung.

- **Input (Einsatz)** beschreibt die Ressourcen, die ein Unternehmen investiert. Diese Ressourcen können Finanzkapital (Spenden, Investitionen), soziales Kapital (Netzwerke, Kontakte), geistiges Kapital (Fähigkeiten und Zeit von Mitarbeiter:innen) und/oder emotionales Kapital (Vertrauen) umfassen (siehe auch das Kapitel zum 3. Merkmal).

- Die Leistungen, die sich aus dem Einsatz dieser Ressourcen ergeben, sind zählbare Maßnahmen oder **Ergebnisse, der Output**. Im Fall der Mondelēz International Foundation sind dies beispielsweise die Anzahl der durchgeführten Schulungen oder die Zahl der Kinder, die man damit erreicht. In anderen Fällen kann es sich um die Anzahl verteilter Moskitonetze oder die Stunden handeln, die Mitarbeiter:innen ehrenamtlich für eine NGO geleistet haben.

- Die Folgen oder Konsequenzen, die eine Maßnahme direkt für die Zielgruppe des Programms beziehungsweise des Unternehmens hat, werden als **Auswirkungen (Outcomes)** bezeichnet. So kann sich im Ergebnis einer durch Spenden finanzierten Erweiterung einer Unterkunft die Wohnsituation für Obdachlose verbessern. Ein anderes Beispiel wäre die Verbesserung der Kompetenzen von Mentor:innen durch Weiterbildungen zur Vorbereitung auf Vorstellungsgespräche von arbeitslosen Jugendlichen. In diese Kategorie fällt auch der Hebeleffekt, der durch Einbindung von Freiwilligen aus dem Unternehmen in die ehrenamtliche Arbeit mit Flüchtlingen oder im Rahmen eines Umweltprojekts entsteht.

- Die langfristigen Effekte einer Maßnahme für die Gesellschaft insgesamt werden als **Wirkung (Impact)** bezeichnet. Darunter fällt beispielsweise die verbesserte Lebensqualität und Gesundheit von Kindern im Rahmen eines Bildungsprogramms, die erfolgreiche Suche nach einem Arbeitsplatz nach der Teilnahme an einem Mentoringprogramm, das ehrenamtlich von Mitarbeiter:innen des Unternehmens durchgeführt wurde, oder die langfristig verbesserte Luftqualität und der einfachere Zugang zu Energie und sauberem Trinkwasser in der Nähe.[5]

In den letzten Jahren haben Unternehmen viele Möglichkeiten entwickelt, um die Effekte ihres sozialen Engagements zu beschreiben und zu messen. Wie bereits erwähnt, kann man die Ergebnisse meist auf der Output-Ebene und manchmal auf der Outcome-Ebene oder in den CSR- und Nachhaltigkeitsberichten vieler Unternehmen nachlesen. In diesem Bereich ist jedoch noch viel Luft nach oben. Zusätzlich ist hier der Mut gefragt, auf sozialwissenschaftliche Forschungsmethoden zurückzugreifen und der qualitativen Wirkungsbeschreibung vielleicht mehr Raum zu geben als der quantitativen.

Wenn der multinationale französische Elektrotechnik-Konzern Schneider Electric SE über seine gemeinnützigen Projekte im Bereich Energie und Energiearmut berichtet, sind die verwendeten Wirkungsindikatoren anhand der Anzahl der »in Energiemanagement geschulten benachteiligten Menschen« klar definiert.[6] Der Indikator steht im Einklang mit der Strategie des Unternehmens, sowohl durch das Kerngeschäft als auch durch Corporate

Volunteering, der Förderung der Unternehmensstiftung und Investments des Social Impact Fonds des Unternehmens für alle Menschen einen besseren Zugang zu Energie zu schaffen. Dies mag auf den ersten Blick nicht besonders verblüffen, aber 2019 wurde Schneider Electric vom Magazin *Fortune* zu einem der angesehensten Unternehmen der Welt und vom Ethisphere Institute zu einem der ethischsten Unternehmen gekürt.

MESSUNG SOZIALER WIRKUNG ALS TEIL DER FIRMENSTRATEGIE

Das niederländische Start-up Justice42 hebt die Messung der gesellschaftlichen Wirkungen auf ein neues Niveau, denn das Unternehmen betrachtet gesellschaftliche Wirkung in direktem Zusammenhang zu seinem Geschäftsmodell. Justice42 (»Justice for Two«, auch bekannt als J42) ist eine Plattform zur Streitbeilegung, die Menschen dabei hilft, eine der größten Herausforderungen im Leben zu meistern – eine Scheidung. Das Unternehmen vermittelt online bei Scheidungen und ermöglicht es Paaren, sich im Fall der Trennung außergerichtlich zu einigen. Die Paare werden von professionellen Mediator:innen unterstützt und erhalten am Ende eine von niederländischen Familienrichter:innen unterzeichnete Scheidungsurkunde.

Justice42 wendet die Methode der **sozialen Kapitalrendite (SROI)** an, um seine Wirkung zu bewerten. Die SROI-Methode basiert auf festen Regeln zur Messung der ökologischen oder sozialen Auswirkungen eines Unternehmens, dem sogenannten extra-finanziellen Wert. Der Ansatz stützt sich auf eine Ist-Analyse und beschreibt die Auswirkungen der Maßnahmen eines Unternehmens über einen bestimmten Zeitraum. Die Kernprinzipien dieser Methode wurden von Social Value International und Social Value UK definiert und umfassen folgende Punkte:[7]

- Stakeholder:innen einbeziehen,
- Veränderungen verstehen,
- die wichtigen Dinge wertschätzen und bewerten,
- nur das Wesentliche/Materielles einbeziehen,
- nicht überbewerten,
- transparent auftreten und
- das Ergebnis überprüfen.

Die Berechnung des SROI ergibt einen Quotienten, der die soziale Rendite für jeden investierten Euro beschreibt.

Dementsprechend können die Ergebnisse der Dienstleistung von Justice42 am sozialen und emotionalen Wohlbefinden von Eltern und Kindern gemessen werden. Einen weiteren positiven Effekt stellt der erhebliche Geldbetrag dar, den die niederländische Regierung durch das Verfahren spart und der für andere Zwecke verwendet werden kann. Der Öffentlichkeit steht nun eine Alternative zu teuren Scheidungsanwält:innen und hohen Gerichtskosten zur Verfügung. Justice42 hat errechnet, dass die Investition der Gesellschaft von einem Euro einen Ertrag von drei Euro bringt.

Jede Managerin und jeder Manager bei Justice42 ist bestrebt, den ROI und die erreichten Ergebnisse durch besseren Service und Skalierung zu halten beziehungsweise sogar zu erhöhen. Siehe hierzu auch das Interview mit der Mitgründerin von Justice42, Laura Kistemaker, im Anschluss an dieses Kapitel.

IOOI und SROI sind nicht die einzigen Methoden zur Messung und Dokumentation sozialer Wirkung, aber wir haben sie bei unserer Arbeit mit Unternehmen, die die soziale Wirkung ihrer Arbeit untersuchen, am häufigsten angetroffen. Mitunter ist es schwierig, zwischen den beiden Ansätzen zu unterscheiden, weil sie so ähnlich sind, da sich sowohl bei der IOOI-Methode als auch beim SROI die Messung zunächst vom konkreten Problem ableitet, das gelöst werden soll. Das Herunterbrechen des SROI auf eine konkrete Zahl ist ein erster Schritt, um Wirkung vergleichbar zu machen.

Einige andere Beispiele geben einen Einblick, wie ein Netz von Unternehmen ausgeklügelte, manchmal sogar vergleichende Systeme zur Wirksamkeitsmessung entwickelt hat.

Die London Benchmarking Group (LBG) ist ein Netzwerk von Unternehmen, die die IOOI-Methode anwenden, um auf Vergleichsbasis ein besseres Verständnis für die Auswirkungen größerer Unternehmen zu schaffen. Die B-Corp-Bewegung nutzt das »B Impact Assessment«, ein Instrument, das die Wirkungen eines Unternehmens auf seine Mitarbeitenden, die Umwelt, die Gemeinschaft und seine Kund:innen untersucht.[8] Die »Gemeinwohlbilanz« der Organisation Gemeinwohl-Ökonomie verfolgt einen ähnlichen Ansatz.[9] Das Sustainability Accounting Standards Board in den USA versucht einen Messstandard zu etablieren, der dem Verfahren ähnelt, mit dem Buchhalter die Finanzen eines Unternehmens bewerten.[10] Die von acht großen Unternehmen gegründete Value Balancing Alliance entwickelt neue Methoden der Wirkungsmessung und -bewertung, um einen Standard für Unternehmen zu setzen.[11]

Es gibt viele Gründe, warum es wichtig ist, ein besseres Verständnis für die gesellschaftliche Wirkung eines Unternehmens zu entwickeln. Dennoch ist die Messung der gesellschaftlichen Wirkung der Gesundheitsprävention, von Energiearmut, Coding-Unterricht, Trinkwasserversorgungssystemen und so weiter immer abhängig vom jeweiligen Kontext und derzeit kein Kinderspiel.

Dank der wachsenden Fülle an Daten in diesen Bereichen wird es zunehmend einfacher nachzuweisen, dass gesellschaftliches Engagement von Unternehmen wirkt. Übrigens lohnt es sich im Rahmen dieser Arbeit, gleichermaßen über Erfolge wie Misserfolge zu sprechen. Aus Letzteren zu lernen, kann manchmal für eine Gesellschaft sogar wertvoller sein, wenn durch Negativbeispiele verhindert werden kann, dass öffentliche Gelder in Lösungen investiert werden, die sich bereits als wenig oder gar nicht wirksam erwiesen haben.

DIE WAHRHEIT ÜBER DAS MESSEN

Das Problem des Messens kann einem durchaus schlaflose Nächte bereiten. Ständig, so scheint es, werden wir in der Beratung gebeten, die Wirkung eines Schulprojekts, eines Programms für arbeitslose Jugendliche, eines Baumpflanzprojekts oder eines Corporate-Citizenship-Programms zu bewerten. Unternehmen wollen einfache Antworten, ein schnelles und eindeutiges Verfahren, um ihr Engagement für den Vorstand, die Aktionäre, Aufsichtsbehörden und die Gesellschaft zu dokumentieren. Im Idealfall wollen sie den einen Indikator, der angestoßene Veränderungen in einer ganzen Region oder Gesellschaft dank einer Spende, eines Projekts oder einer Maßnahme veranschaulicht. Diesen einen Indikator wird es vielleicht nie geben. In diesem Bereich ist noch viel Arbeit zu leisten. Gleichzeitig müssen wir die Grenzen der Messbarkeit akzeptieren. Vielleicht wird uns letztlich genau dieses Spannungsverhältnis helfen, die Wirkung von gemeinnützigem Engagement zu verbessern.

> In Wahrheit ist eine Lösung oft das Ergebnis der Anstrengungen vieler Menschen und Organisationen, die sich gleichzeitig und langfristig für eine Sache engagieren.

Einerseits haben wir Verständnis für diesen Wunsch nach einer Patentlösung, aber andererseits wissen wir, dass es keine einfache Antwort gibt. Die Welt ist komplex. Deshalb ist es schwierig, Reformen im Bildungssystem durchzusetzen, die Umwelt nachhaltig zu schützen, Armut zu bekämpfen oder in vielen anderen sozialen

Bereichen etwas zu verändern. Als Fachleute würden wir gerne sagen können: Diese eine Maßnahme eines Unternehmens hat ein konkretes Problem gelöst. In Wahrheit ist eine Lösung oft das Ergebnis der Anstrengungen vieler Menschen und Organisationen, die sich gleichzeitig und langfristig für eine Sache engagieren.

So wünscht sich eine Organisation zum Beispiel ein einfaches Verfahren, um die Wirkung ihres Engagements für die frühe Bildung von Kindern zu messen. Man könnte zum Beispiel die Anzahl der Kinder zählen, die in den Genuss der Maßnahme kommen. Eine Bildungsmaßnahme ist jedoch komplex und wirkt sich nicht nur auf die einzelnen Kinder aus, sondern auch auf Erzieher:innen, Freiwillige, Eltern, die Gemeinde und das Bildungssystem insgesamt. Um ein wirklich realistisches Bild zu zeichnen, müsste das Unternehmen die Wirkung seiner Arbeit auf all diese Gruppen messen und hinterfragen. Mit diesem Kapitel möchten wir Sie trotzdem bestärken, die Wirkung Ihres Engagements zu messen. Allerdings möchten wir Sie schon an dieser Stelle warnen, dass dies ein nicht einfaches Unterfangen sein kann und eine Gratwanderung zwischen Pragmatismus und wissenschaftlicher Stringenz.

Aber der Drahtseilakt lohnt sich in jedem Fall.

MERKMAL 7:
Design- und Innovationsfragen

Wenn Sie als Managerin oder Manager eine gesellschaftlich verantwortungsvolle Haltung in Ihrem Unternehmen vertreten, sollten Sie sich die folgenden Fragen stellen:

- Was wollen wir mit unserem sozialen Engagement für die Gesellschaft und unser Unternehmen erreichen?
- Wir können wir unsere Strategie anhand des IOOI-Modells und der Theory of Change aufschlüsseln?
- Wie können wir unsere Kapazitäten zur Messung von wichtigen Geschäftsdaten, Reputation, Effizienz und so weiter zu diesem Zweck einsetzen?
- Welche Beispiele für erfolgreichen Wandel wollen wir erfassen (qualitative Daten) und welche Zahlen wollen wir erheben (quantitative Daten)?
- In welcher Form wollen und müssen wir der Öffentlichkeit gegenüber im Hinblick auf unser gesellschaftliches Engagement Rechenschaft ablegen?
- Wie wollen wir die gesammelten Erfahrungen im Unternehmen und für die Öffentlichkeit zugänglich machen?

Kommen wir zurück zu Einstein: »Nicht alles, was zählt, kann gezählt werden, und nicht alles, was gezählt werden kann, zählt.« Als Managerin oder Manager müssen Sie stets den Nutzen der gesammelten Informationen für sich und die Gesellschaft abwägen.[14] Manchmal ist die Wirkung so offensichtlich, dass es nichts zu messen gibt. Manchmal sagen Messergebnisse nichts über die erzielte Wirkung aus. Und manchmal ist alles eher ein Experiment, sodass es Sinn macht, die Wirkung der betreffenden Maßnahme tatsächlich zu bewerten. Zu messen, ob Ihr Engagement Wirkung zeigt, spielt für die gesellschaftlichen Fragestellungen eine wichtige Rolle, ist aber kein Allheilmittel und beschreibt nicht immer die tatsächliche Wirkung.

INTERVIEW

Laura Kistemaker, Uitelkaar & Justice42 (Justice for Two)

»Ein Unternehmen stellt die nachhaltigste Möglichkeit dar, sich für ein soziales Problem zu engagieren … [weil] die Lösung selbst die nötigen Mittel generieren kann, womit der existenzielle Grund für den Fortbestand bewiesen wäre.«

LAURA KISTEMAKER, Mitgründerin und COO des niederländischen Start-ups Uitelkaar & J42 (Justice42), ist der Meinung, dass Unternehmen ein Risiko eingehen, wenn sie sich nicht für das Gemeinwohl engagieren. Sie erklärt, wie wichtig die Messung der gesellschaftlichen Wirkung für ihr Team geworden ist, um die Glaubwürdigkeit und Leistung des Unternehmens zu verbessern. Sie erläutert außerdem, wie sie ein soziales Thema in einen Baustein der vom Unternehmen angebotenen Dienstleistungen umgewandelt hat, der genauso wichtig ist wie jeder andere.

Michael Alberg-Seberich: Bitte beschreiben Sie Ihre Rolle bei Uitelkaar & Justice42 beziehungsweise Justice for Two.

Laura Kistemaker: Ich bin Mitgründerin und COO von Uitelkaar & Justice42. So lautet unser Firmenname. Wir haben eine

Online-Plattform für Scheidungen aufgebaut, die nicht nur für Ehepaare gedacht ist, die sich scheiden lassen wollen, sondern auch für unverheiratete Paare mit gemeinsamen Kindern, die sich trennen wollen. Die Online-Plattform soll Paaren ermöglichen, ohne großen Streit auseinander zu gehen.

Sowohl das System als auch die Menschen im Umfeld des Systems – unsere Fallmanager:innen und Mediator:innen, die mit uns zusammenarbeiten – unterstützen die Paare und bieten bei Bedarf Beratung an. Es handelt sich um ein flexibles Online-Angebot, bei dem die Nutzer:innen bei der Ausarbeitung von Scheidungs- und Sorgerechtsvereinbarungen selbst das Steuer in die Hand nehmen.

MAS: Hatte das Unternehmen von Anfang an eine soziale Vision?

LK: Ja, absolut. Am Anfang stand in der Tat die soziale Mission, das Scheidungsverfahren zu verbessern, das in vielen Ländern, so auch in den Niederlanden, für das Paar, vor allem aber für die Kinder sehr belastend ist. Außerdem kostet es die Gesellschaft eine Menge Geld. So entstand die Idee, Technologie zu nutzen, um Menschen zu helfen, bessere Vereinbarungen zu treffen. Das spielt für uns heute noch eine sehr wichtige Rolle. Dieser Ansatz spiegelt sich im Design des Produkts und der Dienstleistung wider.

MAS: Welche persönlichen Werte treiben Sie an und wo gibt es Überschneidungen mit Uitelkaar & Justice42?

LK: Ich war schon immer ein Mensch, der gern hart arbeitet, um etwas zu erreichen. Komplexe Themen faszinieren mich, aber weder ist es mir sonderlich wichtig, viel Geld zu verdienen, noch bin ich statusverliebt. Ich brauche also etwas anderes, das mich in meiner täglichen Arbeit wirklich anspornt und antreibt. Was ich tue, muss für Menschen einen Sinn haben, die sich in einer der schwierigsten Situationen ihres Lebens befinden. Ich möchte in irgendeiner Weise dazu beitragen, dass es für sie etwas weniger schwer ist oder dass zumindest die Zukunft für sie ein bisschen rosiger aussieht. Das ist es, was ich an meiner Arbeit so liebe.

MAS: Wie messen Sie Ihren gesellschaftlichen Einfluss und warum ist das für Sie wichtig?

LK: Wir richten unsere strategischen Entscheidungen danach aus. Es hilft uns, die Inhalte unserer Arbeit zu kommunizieren. Und unsere Messweise ist hilfreich, um Schwerpunkte in der Strategie zu setzen. Deshalb wollen wir ein Messinstrument, das auf sehr intelligente Weise die Auswirkungen der Nutzung unseres Produkts für die betroffenen Paare, angeschlossenen Anwält:innen und Mediator:innen sowie die Prozesskostenhilfe in den Niederlanden misst. Letztere ist für die Finanzierung eines großen Teils der Scheidungskosten für Menschen mit geringem Einkommen zuständig.

Wir messen hauptsächlich durch Klientenbefragungen an verschiedenen Punkten im Prozess, sodass wir auch messen können, wie sich die Situation und die Einstellung von Klient:innen im Laufe der Nutzung einer Plattform verändern. In der Regel wird unsere Plattform über einen längeren Zeitraum – von drei Monaten bis zu mehr als einem Jahr – von den Betroffenen aktiv genutzt. Wir messen das Wohlbefinden der beteiligten Personen und die Qualität der Eltern-Kind-Beziehung über einen bestimmten Zeitraum. Was Anwält:innen und Mediator:innen betrifft, so können wir die finanziellen Vorteile klar messen. Wir wollen aber auch wissen, wie zufrieden sie mit ihrer Arbeit sind, weil unser System ihnen bei administrativen Fragen hilft. So können sie mehr Zeit für die Bereiche aufwenden, in denen sie wirklich einen Mehrwert erbringen. Dabei gewinnen wir manchmal sehr überraschende Erkenntnisse.

MAS: Können Sie ein Beispiel nennen?

LK: In einer der letzten Umfragen sagten uns unsere Anwält:innen und Mediator:innen, dass sie die Art von Klient:innen mögen, die sie durch uns bekommen. Sie bekommen Fälle, in denen Leute vernünftig handeln, ihre Wünsche durchdacht haben und sich gegenseitig respektieren. Das ist ein Aspekt der Arbeitszufriedenheit, den wir gar nicht auf dem Schirm hatten.

MAS: Sie arbeiten viel mit staatlichen Behörden zusammen. War es wichtig, nachzuweisen, dass Sie mit Ihrer Arbeit Wirkung erzielen, als Sie begannen Ihre Dienstleistung zu skalieren?

LK: Ja, vor allem, weil das Scheidungsverfahren eng mit der Verwaltung verknüpft ist und man sich dort schwertut, mit privatwirtschaftlichen Einrichtungen zusammenzuarbeiten. Die Tatsache, dass wir nicht so sehr ein kommerzielles Unternehmen sind, sondern immer noch ein Sozialunternehmen, hilft uns sehr dabei, dem Staat zu erklären, was wir wollen.

MAS: Ihr Unternehmen ist teilweise im Besitz einer Stiftung, nicht wahr?

LK: Ja, das stimmt. Hinter uns stehen Impact-Investoren, was uns hilft, unsere Arbeit sichtbar zu machen. Wir erzählen also nicht nur eine Geschichte, sondern können sie auch mit Zahlen belegen und so gleichzeitig vor dem Staat Rechenschaft über unsere Arbeit ablegen. Das ist auch für unsere Kommunikation sehr nützlich.

MAS: Wirkt sich der soziale Auftrag Ihres Unternehmens auf die Kultur im Unternehmen und Ihre Mitarbeitenden aus?

LK: Ich bin überzeugt davon, dass wir einen ganz bestimmten Typ von Arbeitnehmer:innen anziehen. Viele Bewerber:innen geben an, dass sie Teil von etwas sein möchten, bei dem es um mehr geht als nur darum, ein weiteres Produkt zu verkaufen. Das gilt vor allem für jüngere Generationen. Wir sind sehr nah an unseren Klient:innen dran, weil unsere Fallmanager:innen in unserem Kontakt-Center täglich mit ihnen in Kontakt stehen. Wir wissen, wem unsere Dienstleistung zugutekommt, und bekommen entsprechendes Feedback. Das wirkt sich auf alles aus. Wir würden unser Produkt zum Beispiel nicht auf billige und dreiste Weise vermarkten, weil das nicht zu unserem Selbstverständnis passt, auch wenn man so die meisten Scheidungsfälle an Land ziehen würde.

> *»Gehen Sie nicht blauäugig an die vielen Herausforderungen heran, denen Sie sich werden stellen müssen. Sie sollten wirklich mit großer Leidenschaft bei der Sache sein, denn Sie werden einen langen Atem brauchen, um durchzuhalten.«*

MAS: Was würden Sie aus Ihrer Erfahrung heraus Unternehmen raten, wenn es um die Bewältigung sozialer Probleme geht?

LK: Wenn Sie ein erfolgreiches Unternehmen sind, steht Ihr sozialer Auftrag vielleicht auf Ihrer Prioritätenliste ganz unten. Ich sehe darin eine Gefahr. Wenn Sie wirklich gesellschaftliche Probleme angehen wollen, muss diese Einstellung untrennbar mit den von Ihnen angebotenen Produkten oder Dienstleistungen verbunden sein.

Und unterschätzen Sie nicht die Komplexität im Bereich sozialer Themen. Gehen Sie nicht blauäugig an die vielen Herausforderungen heran, denen Sie sich werden stellen müssen. Sie sollten mit großer Leidenschaft bei der Sache sein, denn Sie werden einen langen Atem brauchen, um durchzuhalten. Das liegt auf der Hand, denn wenn es eine einfache Lösung für das von Ihnen in den Fokus gestellte soziale Anliegen gäbe, hätte jemand das Problem schon längst gelöst.

Mein Rat lautet daher: Lassen Sie sich nicht entmutigen, wenn Sie auf Widerstand stoßen. Oft bewegen Sie sich in einem Umfeld, in dem viele Interessengruppen schon lange aktiv sind. Wenn Ihr Produkt, Ihre Dienstleistung oder Ihr Angebot sinnvoll ist, wenn es im Kern gut ist, werden Sie es schaffen, aber ohne Energie und Leidenschaft werden Sie nicht weit kommen.

MAS: Klingt nach einem Marathon!

LK: Es ist ein Marathon, aber einer, den man mit vielen Menschen gemeinsam absolviert. Ich würde sagen: Investieren Sie in Ihre Stakeholder:innen. Sie brauchen Botschafter an verschiedenen Orten, die an Ihre Sache glauben und bereit sind, Ihre Geschichte zu erzählen, Türen zu öffnen, zu unterstützen oder Sie Dinge sehen zu lassen, die Sie selbst übersehen haben. Auch wenn der Einsatz es nicht unmittelbar in der Kasse klingeln lässt oder Ihnen einen neuen Kunden beschert, sollten Sie Zeit in die Gestaltung dieser Beziehungen investieren.

MAS: In Ihrem Unternehmen arbeiten Sie mit Anwält:innen, Vermittler:innen, Richter:innen und dem Staat zusammen. Das sind eine Menge Partner, die es zu managen gilt.

LK: Bei so vielen Akteuren heißt das Zauberwort Zusammenarbeit. Freundschaften in diesem Bereich zu schließen, ist wichtig, aber scheuen Sie sich auch nicht, Dinge anzusprechen, die alte Interessen infrage stellen, denn manches muss sich ändern, um der Lösung ein Stückchen näherzukommen.

MAS: Gab es einen Managementgrundsatz oder ein Instrument, das Ihnen geholfen hat, sich auf Ihre sozialen Themen zu konzentrieren?

LK: Ich weiß nicht, ob es ein Managementprinzip ist, aber ich habe gelernt, wie wichtig ein multidisziplinäres Team ist, weil man zwei Spiele gleichzeitig spielt. Einerseits ist man ein Wirtschaftsunternehmen, das finanziell überleben muss. Andererseits setzt man auf soziale Wirkung. Schon eine Disziplin allein zu jonglieren ist kein Kinderspiel. Um beides erfolgreich zu machen, braucht man verschiedene Leute mit unterschiedlichen Talenten.

In der Geschäftswelt fühlt man sich immer sicherer, wenn man mit Menschen zusammenarbeitet, die einen ähnlichen Hintergrund haben, gleiche Fähigkeiten besitzen und dieselbe Sprache sprechen. Aber besonders im Hinblick auf Sozialunternehmen ist das nicht das, was Sie brauchen. Man braucht verschiedene Leute mit unterschiedlichem Hintergrund, die sich gegenseitig ergänzen, weil es sich im Grunde um zwei Einheiten in einem Unternehmen handelt.

Ein weiterer Grundsatz, an den ich wirklich glaube, sind Transparenz und Offenheit – sowohl innerhalb des Teams als auch nach außen hin. Zeigen Sie Leuten, warum Sie tun, was Sie tun. Scheuen Sie sich nicht, Fehlentscheidungen zuzugeben – vor allem im Hinblick auf das Team. Diese Menschen sind bereit, bei einer Sache mitzumachen, ohne im Zweifelsfall zu wissen, wohin die Reise geht. Gehen Sie deshalb transparent mit dem Inhalt Ihrer Bemühungen und Ihrer Arbeitsweise um.

MAS: Was ist für Sie das wichtigste Argument dafür, das Projekt in einen unternehmerischen Rahmen zu stellen und nicht einer NGO oder staatlichen Behörde oder Ähnlichem zu überlassen?

LK: Letztendlich stellt ein Unternehmen die nachhaltigste Möglichkeit dar, sich für ein soziales Problem zu engagieren. In der Vergangenheit wurde das Projekt mit staatlichen Mitteln finanziert, was viele Vorteile hatte, aber gleichzeitig war es ein gewaltiger existenzieller Nachteil: Wenn Ihnen jemand Geld gibt, kann man es Ihnen auch wieder wegnehmen. Bei einem Führungswechsel oder einer politischen Kurswende, auf den Sie keinen Einfluss haben, war die ganze Arbeit, die so viele Menschen in Ihr Projekt gesteckt haben, umsonst.

Wenn es Ihnen gelingt, aus Ihrer Lösung ein Unternehmen zu machen, kann die Lösung selbst die nötigen Mittel generieren, womit der existenzielle Grund für den Fortbestand bewiesen wäre. Ich würde nicht sagen, dass das der einfachste Weg ist, und ich kenne auch die Zahlen scheiternder Sozialunternehmen, aber ich denke, wenn man sich langfristig engagieren will, ist ein Unternehmen definitiv die beste Lösung.

KAPITEL 8

Merkmal 8: Ein die gesellschaftliche Verantwortung wahrnehmendes Unternehmen treibt Innovationen für das Gemeinwohl voran

Jede Innovation soll sowohl ein wirtschaftliches als auch ein soziales Bedürfnis erfüllen. Ein Unternehmen setzt seine Dienstleistungen, sein Know-how und Wissen zum Verbraucherverhalten ein, um zum Beispiel etwas zu schaffen oder zu verbessern, das sowohl dem Unternehmen selbst als auch der Gesellschaft nutzt.

Innovation ist eine wichtige Triebkraft in allen Bereichen des Lebens. Insbesondere die Wirtschaft ist ein Akteur, der in hohem Maße von der Einführung neuer Ideen, Produkte und Dienstleistungen abhängig ist, um auf veränderte Erwartungen von Verbraucher:innen oder Umweltbedingungen zu reagieren. Innovation ist daher für die Unternehmensleistung von entscheidender Bedeutung. Viele Neuerungen haben Auswirkungen auf die Gesellschaft; einige tragen zur Lösung bestimmter Probleme bei, während andere neue Probleme schaffen oder bestehende verschärfen.

Ein sozial denkendes Unternehmen betrachtet jede Innovation auch aus einer gesellschaftlichen Perspektive. Es treibt zielgerichtet Innovationsprozesse voran, die zur Lösung der kleinen und großen Herausforderungen beitragen, vor denen die Menschheit derzeit steht.

FOKUS

Dieses Kapitel bietet einen kurzen Exkurs in die Praxis der sozialen Innovation in Unternehmen. Dabei stehen folgende Fragen im Mittelpunkt:

- Was ist soziale Innovation?
- Wie kann sichergestellt werden, dass soziale Fragen im Rahmen von Innovationsprozessen berücksichtigt werden?
- Wie können wir das Potenzial unseres Teams für soziale Innovationen heben?

EIGENSCHAFT 8 IN DER PRAXIS

Das Ruhrgebiet musste sich aus seiner langen Abhängigkeit von der Stahl- und Kohleindustrie lösen und wirtschaftlich neu erfinden. In der südöstlichen Ecke der einstigen industriellen Herzkammer (West-)Deutschlands liegt Witten, eine Stadt mit 96 000 Einwohnern, in der mittlerweile eine Vielzahl von Wirtschaftsclustern angesiedelt sind: Maschinenbau, Chemieproduktion, digitale Technologie, Medizin und damit verbundene Dienstleistungen. In diesem Ökosystem scheinen sich soziale und wirtschaftliche Innovationen zu überlagern, miteinander zu verschmelzen und weiterzuentwickeln.

Wer wie die meisten Menschen mit dem Zug nach Witten fährt, kann die mit der wirtschaftlichen Metamorphose einhergehenden Konflikte und Probleme erahnen. Leere Geschäfte säumen die Haupteinkaufsstraße, während die, die noch geöffnet sind, mit 1-Euro-Angeboten locken. Nichtsdestotrotz besticht die Stadt durch den Charme der schmucken Häuser aus verschiedenen Epochen, die kulturelle Vielfalt ihrer Einwohner und deren oft raue, aber herzliche Art.

Witten mag ein seltsamer Ort sein, um eine der wichtigsten Eigenschaften des Corporate Social Minds genauer unter die Lupe zu nehmen: die Notwendigkeit, bei jeder Neuerung wirtschaftliche und soziale Belange zu verknüpfen. In Wirklichkeit ist diese kleine Stadt jedoch eines der besten Beispiele für das, was soziale Innovation bedeutet und warum weltweit ein so großer Bedarf danach besteht.

KLEINES UNTERNEHMEN, GROSSE WIRKUNG: DR. AUSBÜTTEL & CO. GMBH

Die Dr. Ausbüttel & Co. GmbH ist seit 1894 ein in Witten angesiedeltes Familienunternehmen in der MedTech-Branche. Das 130 Mitarbeiter:innen zählende Unternehmen hat seinen Sitz in einem Wohn- und Geschäftsviertel und stellt Produkte zur Wund-, Augen- und Schmerzbehandlung her.

Schon beim Betreten des Firmengeländes, einer Ansammlung von Containern und Gebäuden, die anmuten, als hätte jemand mit Lego-Steinen geklotzt, riecht es förmlich nach Innovation.[1] Im Inneren herrscht reges Treiben, alle Mitarbeiter:innen grüßen freundlich, wobei einem auffällt, dass es mehr Mitarbeitende mit körperlichen Einschränkungen gibt als in vielen anderen Unternehmen.

Stephan Kohorst, Geschäftsführer in dritter Generation, erklärt im Interview im Anschluss an Kapitel 2, wie Unternehmenswerte, Innovation, Inklusion und soziale Wirkung in diesem dynamischen Unternehmen Hand in Hand gehen. Von ihren Anfängen als örtliche Apotheke hat sich die Dr. Ausbüttel & Co. GmbH zu einer Innovationsmaschine gemausert.

Ein Schlüssel zu diesem Erfolg sind das aktive Engagement in der Kommune und die Offenheit, sich mit den Herausforderungen zu beschäftigen, mit denen körperlich und geistig behinderte Menschen konfrontiert sind. Das Unternehmen beschäftigt am Hauptstandort nicht nur viele Menschen mit Behinderungen (sowie weitere 1100 Mitarbeiter:innen in Werkstätten für Menschen mit Behinderung, die die Produkte verpacken), sondern engagiert sich darüber hinaus, indem sichergestellt wird, dass jede Innovation sowohl einem wirtschaftlichen als auch einem sozialen Bedürfnis Rechnung trägt. Der neue Hauptsitz des Unternehmens, der sich kurz vor Erscheinen der englischen Ausgabe dieses Buches noch im Bau befand und mittlerweile bezogen wurde, wurde bewusst so konzipiert, dass er diversen Teams, unter anderem mit den unterschiedlichsten Behinderungen, mehr Integrations- und Beschäftigungsmöglichkeiten bietet.

Über die Dr. Ausbüttel & Co. GmbH als ein Beispiel für soziale Innovation in Unternehmen wird man wohl kaum etwas lesen. Dafür aber über Unternehmen wie Unilever oder Danone. Schade eigentlich, denn die Firma zeigt, wie Werte, Unternehmertum und die Nähe zu den Menschen in der Region ein kleines, aber feines Ökosystem schaffen können, in dem durch eine einzige Innovation, bei der soziale Bedürfnisse mitgedacht wurden, wirtschaftlicher Erfolg und gesellschaftliche Verbesserungen entstehen.

KLEINES UNTERNEHMEN, GROSSE WIRKUNG: PROJEKTEFABRIK/JOBACT®

Ein anderes innovatives Sozialunternehmen mit Sitz in Wittens Hauptgeschäftsstraße hat seine Arbeit zu einem globalen Hebel für Veränderungen gemacht. Die Projektfabrik hat sich in Skandinavien, Spanien, Südkorea und anderen Teilen der Welt Lorbeeren für ihren Ansatz verdient, mittels künstlerischer Ausdrucksformen soziale und wirtschaftliche Probleme zu lösen. Zum Leistungsspektrum gehört beispielsweise JobAct®, ein Projekt, das Menschen unter 30 Jahren dabei unterstützt, ihr Potenzial mithilfe von Theaterpädagogik zu entdecken und einen Platz im Leben zu finden, vor allem beruflich.

Gründerin Sandra Schürmann hat das getan, was Innovationsforscher:innen heute als einen der wichtigsten Treiber für Innovationen betrachten: Sie hat etwas völlig Neues geschaffen, indem sie erstmalig zwei Dienstleistungen (beziehungsweise Maßnahmen) miteinander kombiniert hat. Sie verband die Theaterpädagogik mit ihrer umfangreichen Erfahrung in der Arbeit mit arbeitslosen Jugendlichen im Ruhrgebiet, um den Teilnehmer:innen zu helfen, ihr Selbstwertgefühl zu stärken, ihnen zu zeigen, wie echte Teamarbeit aussieht, und ihnen Fähigkeiten zu vermitteln, die man für die Suche nach einem erfüllenden Job braucht.

Und so funktioniert das Ganze: Sechs Monate lang schreiben, entwerfen und bewerben junge Menschen ein Theaterstück, das sie dann im Anschluss an zum Teil renommierten Theatern aufführen. Das Ergebnis: Nach Absolvierung des Programms sind die Chancen der Teilnehmer:innen, einen Job zu finden oder ihre Ausbildung fortzusetzen, doppelt so hoch wie bei den meisten vergleichbaren Projekten. Die Projektfabrik und Schürmann haben zahlreiche Auszeichnungen erhalten, darunter eine Förderung in Höhe von vier Millionen Euro von der JPMorgan Chase Foundation. Eine Spende einer Unternehmensstiftung in dieser Höhe hat es für ein deutsches Sozialunternehmen bisher noch nie gegeben.

DEN FOKUS NEU EINSTELLEN

Neuerungen auch außerhalb eines wirtschaftlichen Kontextes voranzutreiben, ist sinnvoll. Dennoch werden Innovation und Disruption noch immer vor allem aus der Perspektive der Wirtschaft betrachtet. Mittlerweile fördert der Social Innovation Exchange in London angewandte soziale Innovationen, um Lösungen für vielfältige gesellschaftliche Probleme in der ganzen Welt zu finden. Das Unternehmen Apolitical in London verfolgt den gleichen Ansatz für den staatlichen Sektor. Weitreichende Innovationen im Bereich von Drohnen, Nanotechnologie, Blockchain-Technologie, künstlicher Intelligenz und Gesundheit verändern unser Zusammenleben. Sie bergen das Potenzial, gesellschaftliche und ökologische Herausforderungen zu lösen, die ein Unternehmen bei der Entwicklung einer Neuerung vielleicht gar nicht auf der Agenda hat.

Viele Beispiele zeigen, dass das Miteinander von Menschen genauso Ausgangspunkt für Innovationen sein kann wie der gegenwärtige Stand der Technik. Schauen wir uns an, wie sowohl gewinnorientierte als auch gemeinnützige Start-up-Unternehmen Blockchain-Technologie (sehr vereinfacht eine Möglichkeit, digitale Einträge in einer Datenbank zu speichern, Transaktionen zu sichern und Vertrauen aufzubauen) nutzen, um die Rückverfolgbarkeit und Transparenz in verschiedenen Branchen zu erhöhen:

- Als der Online-Versandhändler Zalando sich dem niederländischen Accelerator Fashion for Good anschloss, konzentrierte man sich gemeinsam auf die Frage, wie die Blockchain-Technologie für soziale Zwecke in der Textilindustrie eingesetzt werden kann. Im Rahmen dieses Innovationsprozesses teilt Zalando sein Logistik- und Branchenwissen mit dem Sektor und bietet innovativen Start-ups, die sich auf Nachhaltigkeit und Transparenz konzentrieren, eine Möglichkeit zu wachsen.

- KARUNA, eine Sozialgenossenschaft aus Berlin, hat zusammen mit Google.org die App MOKLI Helpfinder entwickelt, die obdachlosen Jugendlichen helfen soll, Licht in den Dschungel verfügbarer Hilfsangebote in ihrer Nähe zu bringen. Außerdem hat MOKLI eine revolutionäre Blockchain-Lösung aufgesetzt, die es wohnungslosen Menschen ermöglicht, auf Hilfsangebote und Ressourcen zuzugreifen. Wohltätigkeitsorganisationen und Spender:innen können zweckgebundene Spenden für bestimmte Bedürfnisse wie ein Essen oder einen Schlafplatz zuweisen, die die Nutzer über eine digitale Geldbörse einlösen können – ganz ohne eigenes Bankkonto.

Das MOKLI-Projekt ist ein gutes Beispiel dafür, was möglich ist, wenn Führungskräfte eines großen Unternehmens wie Google die eigenen Kompetenzen als Ressourcen für die Gesellschaft betrachten. Das ist eine Haltung, die sich jede Führungskraft zu eigen machen sollte. Ein solcher Denkansatz ist ein entscheidender Faktor für soziales Wohl und wirtschaftlichen Erfolg; auch wenn unter dem Strich einer innovativen Idee vielleicht nur eine Null stehen mag, kann sie doch eine zufriedenstellende soziale Rendite abwerfen.

Einige solcher Innovationen mögen anfangs geringe Gewinnmargen aufweisen und Investitionen ähneln, die sich hoffentlich einmal in ferner Zukunft rentieren. Ein gutes Beispiel ist die Innovation im Wohnungsbau. Ziel ist es hier, günstige Häuser oder Mikrohäuser für Familien mit geringem Einkommen zu bauen. Betrachtet man diese Innovationen aus einer sozialverantwortlichen Unternehmenshaltung heraus, wird klar, welche Bedeutung sie für soziale Inklusion und gesellschaftlichen Zusammenhalt haben. Vor diesem Hintergrund zeigt sich, dass gemeinsame Win-win-Szenarien für die Stabilität einer Gesellschaft sorgen können und es Geringverdienern ermöglichen, zu Verbraucher:innen und Kund:innen lokaler Unternehmen zu werden.

SOZIALE FRAGEN BEFÖRDERN DIE RELEVANZ VON UNTERNEHMEN

Es gibt bereits zahlreiche Partnerschaften zwischen Unternehmen und gemeinnützigen Akteuren. Führungskräfte betonen in der Regel den philanthropischen Aspekt solcher Kooperationen. Das Thema Innovation wird meist nur am Rande genannt.

Jedoch führen beispielsweise die Forderungen der Verbraucher:innen nach mehr Nachhaltigkeit zu Produktinnovationen und zur Verbesserung der Lieferketten bei Kakao und Palmöl. Die Pflege älterer und behinderter Menschen könnte ein nächstes Thema werden. Das autonome Fahren eröffnet vielleicht ungeahnte Möglichkeiten für Menschen, die nicht selbst Auto fahren können. Es werden hier also auch immer gesellschaftliche Herausforderungen angegangen. Zweifelsohne: Diese und viele andere Themenfelder stellen sowohl gesellschaftliche Herausforderungen als auch Geschäftsmöglichkeiten dar. Wer durch Innovation neue Lösungen findet, wird auch in Zukunft Geschäfte machen.

Einige mögen skeptisch reagieren und erwidern: Ist das nicht nur die Wahrnehmung von Weltverbesserern, die auf den Hype eines Unternehmens hereingefallen sind? Letztlich waren das doch alles nur Geschäftsmöglichkeiten, die die Öffentlichkeit nicht erkannt hat.

Bei einigen Unternehmen ist solche Skepsis durchaus angebracht. Aber wir möchten Sie anhalten, Unternehmen als Akteure im engmaschigen Geflecht sozialer und ökologischer Herausforderungen auf unserem Planeten zu betrachten. Dieser Ansatz sowie die Werte von Unternehmer:innen oder Manager:innen sollten Firmen antreiben.

Beispiele für werteorientierte Unternehmen drängen sich nicht immer auf. Erwähnt sei hier der amerikanische Teppichfliesenhersteller Interface, Inc., der sich verpflichtet hat, bis 2020 sämtliche negativen Umweltauswirkungen zu vermeiden. Oder der deutsche Haushaltsgerätehersteller Vorwerk, der seine CO_2-Emissionen zwischen 2016 und 2018 halbiert hat und eine Strategie der Null-Umweltbelastung verfolgt. Unsere Recherchen zeigen immer wieder, dass Eigentümer:innen und Manager:innen von Unternehmen werteorientierte Innovation und soziales Engagement als Teil ihrer DNA verstehen. In der heutigen Welt sollte es nicht überraschen, dass dies auch für eine wachsende Zahl börsennotierter Unternehmen gilt.

Natürlich vollzieht sich dieses Umdenken nicht in rasantem Tempo, dennoch findet es allmählich Eingang in die politischen Rahmenvorgaben nationalstaatlicher Regierungen und multilateraler Organisationen. So hat die kanadische Regierung eine nationale Strategie für soziale Innovation und Impact Investing verabschiedet. Die Europäische Union hat politische Maßnahmen zur Finanzierung sozialer Innovation auf den Weg gebracht und dazu ein Portal mit umfangreichen Ressourcen eingerichtet. Viele andere Beispiele auf der Welt zeigen, dass Unternehmen den gemeinnützigen Sektor zur Zusammenarbeit einladen und umgekehrt. Der von der Economist Intelligence Unit erstellte Social Innovation Index, der die Fähigkeit von 45 Ländern zur Förderung sozialer Innovationen misst und einstuft, bietet einen guten Überblick über solche Maßnahmen und Initiativen und dürfte es Unternehmen noch leichter machen, ihre (soziale) Innovationsfähigkeit zu erweitern.

EINE FRAGE DER BEQUEMLICHKEIT

Offensichtlich sind soziale Innovationen auch der Bereich, in dem Stiftungswesen, Staat und Wirtschaft am liebsten Partnerschaften eingehen. XPRIZE und die Initiativen der Bill & Melinda Gates Foundation für innovative Lösungen im Gesundheitswesen sind Beispiele dafür. Das Projekt Action Tank in Frankreich und ähnliche Initiativen in Portugal, Belgien und den Niederlanden bringen Unternehmen zusammen, die gemeinsam Möglichkeiten erkunden, um zur Armutsbekämpfung und zur Stärkung des gesellschaftlichen Zusammenhalts beizutragen. Action Tank hat eine beachtliche Liste mit Beispielen von Unternehmen zusammengestellt, die sich wirksam sozial engagieren und gleichzeitig ihren wirtschaftlichen Erfolg mehren, wie die Idee der Garage Solidaire von Renault, die alleinerziehenden Müttern einen kostengünstigen Zugang zu den Leistungen von mehr als 3000 Partnerwerkstätten bietet. Durch die kostensparende Instandsetzung ihrer Fahrzeuge ermöglicht das Projekt den betroffenen Frauen, ihren Arbeitsplatz zu erhalten und ihre Familien zu ernähren.

François Rouvier, der Leiter der Abteilung Social Business bei Renault, erklärt im Interview im Anschluss an dieses Kapitel, wie Renault das Know-how des Unternehmens und seiner Partner auf eine Weise nutzbar gemacht hat, die sich keiner hätte träumen lassen. Durch Partnerschaften zwischen Akteuren der Zivilgesellschaft und dem Staat wird gewährleistet, dass das Programm diejenigen erreicht, die es am dringendsten brauchen. Einige unserer Kollegen:innen bezeichnen dies als *collective impact* oder vernetzte Lösungen. Das sind vielleicht neuartige Termini für etwas, was sich in der menschlichen Entwicklung immer wieder bewährt hat: Zusammenarbeit, Kommunikation und gemeinsames Handeln, um etwas zu schaffen.

Die Liste der gesellschaftlichen Herausforderungen, für die es innovative Lösungsansätze braucht, scheint endlos. Die 17 Ziele für nachhaltige Entwicklung (SDGs) der Vereinten Nationen, die 2015 verabschiedet wurden, sind ein guter Kompass für die Bewältigung dieser Mammutaufgaben. Die Nachhaltigkeitsziele reichen von der Armutsbekämpfung über hochwertige Bildung und nachhaltiges Konsumieren und Produzieren bis zur Bildung von Partnerschaften zur Erreichung dieser Ziele. Die SDGs beschreiben Herausforderungen, vor denen wir in allen Teilen der Welt stehen. Die CECP Studie *Global Impact at Scale* aus dem

Jahr 2020 hat gezeigt, dass Unternehmen rund um den Globus die SDGs als Rahmen für ihr gesellschaftliches Engagement und auch Innovationstätigkeit nutzen.

NEUBEWERTUNG DES GESCHÄFTS, UM UNERKANNTES POTENZIAL ZU HEBEN

Jetzt ist es an der Zeit, dass Unternehmen überlegen, wie im eigenen Haus bereits existierende Neuerungen auf gesellschaftliche Herausforderungen angewendet werden können, so wie bei Renault. Vergessen Sie dabei nicht, Innovation doppelgleisig zu denken: Wie kann ich meine Ressourcen zum Wohle der Gesellschaft nutzbar machen und welche gesellschaftlichen Herausforderungen können meine eigenen Geschäftsinnovationen vorantreiben?

Eine solche Neubewertung muss nicht zwangsläufig mit erheblichem Mehraufwand verbunden sein. Wir haben festgestellt, dass es dabei oft eher um eine Re-Evaluierung des Unternehmens geht als um ein neues Projekt.

Soziale Innovationen folgen im Allgemeinen dem in der Wirtschaft bekannten Innovationszyklus, allerdings mit zwei wesentlichen Unterschieden: Erstens kann man mit einem Corporate Social Mindset eine gesellschaftliche Nachfrage auf deutlich stabilerem Fundament im Innovationsprozess verankern. Zweitens verlangen soziale Innovationen manchmal ungewöhnliche Wege der Lösungsfindung und Umsetzung.

POTENZIELLE HINDERNISSE FÜR SOZIALE INNOVATION

Möglicherweise stoßen Sie auf folgende Hindernisse:

- **Mangelnde Kooperationsbereitschaft des Managements:** Um Lösungen zu entwickeln, müssen Sie sich auf bisher unbekannte Partner wie zum Beispiel gemeinnützige Organisationen verlassen. Dadurch erhöhen sich Unsicherheit und Risiko, was Sie aber nicht davon abhalten sollte, mit anderen zusammenzuarbeiten.

- **Komplexität des Problems:** Soziale Herausforderungen sind komplex. Es geht dabei nicht nur um Geld, sondern auch um das gesellschaftliche Umfeld, Bildung und viele andere Faktoren, die sich auf die Gestaltung von Produkten und Dienstleistungen sowie das Marketing auswirken. Koordinierung und Regulierung sind ebenfalls komplexe Themen, da es häufig keinen bewährten Rahmen oder Vorkämpfer:innen für soziale Innovationen im Unternehmensumfeld gibt.

- **Mangelndes Bewusstsein:** Der allgemeine Mangel an Bewusstsein für die Herausforderungen, mit denen manche Menschen in unserer Gesellschaft konfrontiert sind, bedeutet, dass sich weniger Leute (zum Beispiel Marktforscher:innen und Analyst:innen) Gedanken über geeignete Dienstleistungen oder das Kaufverhalten von Menschen in Not machen.

Ein Einzelhändler wandte sich einmal an uns, um zu erfahren, wie er das Ökosystem von Start-ups mit einer sozialen Mission, also Sozialunternehmen, erkunden könne. Obwohl das Unternehmen über eine ausgeprägte Innovationskultur verfügte, hatte die Geschäftsleitung das Gefühl, etwas zu verpassen. Man wollte sich selbst herausfordern, um besser zu werden, da allen klar war, dass Impulse für manche Innovationen von außen kommen müssen. Daher betrachtete man die Start-ups als Orte, die Innovation mit einem sozialen Anspruch verbinden. Das Unternehmen hoffte, man könnte diese jungen Unternehmen genauer unter die Lupe nehmen, um die eigenen Innovationsfähigkeiten zu verbessern und gleichzeitig zu lernen, soziale Probleme besser zu verstehen.

Mit der Recherche begann eine Reise in die Welt sozialer Innovationen, die dem Unternehmen bis dahin fremd gewesen war.

Der Ansatz führte zu erstaunlichen Gesprächen zwischen einigen globalen sozialen Innovatoren. Neben Agilität und verschiedenen anderen Merkmalen, die wir mit der Kultur von (sozialen) Start-ups in Verbindung bringen, wurden auch technologische Neuerungen und Innovationen im Dienstleistungsbereich untersucht. Der Prozess ist noch nicht abgeschlossen. Es bleibt spannend zu beobachten, wie die langfristigen Ideen und Produkte, bei denen soziale Aspekte mitgedacht werden, die Arbeitsweise des Unternehmens verändern werden.

Es bereitet Freude, solche sektorübergreifenden Diskussionen und Prozesse anzustoßen. Dabei liegt auf der Hand, dass von Unternehmen entwickelte soziale Innovationen Lösungen für einige der aktuell schwierigsten gesellschaftlichen Probleme bieten können. Ein Corporate Social Mindset ist dafür unabdingbar.

MERKMAL 8:
Design- und Innovationsfragen

Die folgenden Punkte können Ihnen als Checkliste für geschäftliche und soziale Innovation dienen:

- **Unternehmens-Asset-Scan:** Welche Kapazitäten hat unser Unternehmen? Wie können diese Ressourcen (in größerem Maße als bisher) zur Lösung gesellschaftlicher Probleme beitragen? Es hat sich gezeigt, dass die durchdachte Nutzung von Unternehmensdaten in dieser Hinsicht äußerst nützlich sein kann, da so gegebenenfalls Beziehungen zwischen dem Unternehmen und bestimmten bedürftigen Gruppen sichtbar werden.
- **Community Relations Map:** Wie sind wir auf regionaler, nationaler und globaler Ebene mit der lokalen Gemeinschaft verbunden? Neben unseren üblichen Lieferanten achten Kund:innen auch darauf, wie wir spenden, ehrenamtlich Unterstützung leisten und auf andere Weise großzügig handeln.
- **Das Problem verstehen:** Vor welchen tatsächlichen Herausforderungen stehen gefährdete Gruppen? Was müssen wir über das Problem und die damit konfrontierten Menschen wissen? Ein Verständnis für diese Fragen ist entscheidend, um zu bestimmen, für welche Ihrer Geschäftsanwendungen, Kommunikations- und Marketingressourcen sich Neuerungen für einen bestimmten Zweck anbieten.
- **Prototyp:** Wie könnte der Prototyp einer Innovation aussehen? Ein solches Modell lässt sich oft mit Teammitgliedern erstellen, die sich um die Beziehungen zur Gemeinschaft und das bürgerschaftliche Engagement des Unternehmens gekümmert und Verbindungen zur Gesellschaft aufgebaut haben.

Sind Sie bereit, diese Hindernisse mit Ihrem Innovationsdrang zu überwinden? Nur Menschen und Unternehmen, die bereit sind, Unternehmensressourcen als Vermögenswerte für die Gesellschaft innovativ zu denken, werden in der Lage sein, einen Beitrag zu leisten zu den gewaltigen sozialen und ökologischen Herausforderungen, vor denen wir im In- und Ausland stehen, und damit ihr Unternehmen voranzubringen.

INTERVIEW

François Rouvier, Renault

»Wenn Unternehmen erst einmal verstanden haben, dass der Staat nicht mehr leisten kann und die Verantwortung für die Linderung von Armut in den Händen von Unternehmen liegt, wird sich meiner Meinung nach auch etwas bewegen.«

FRANÇOIS ROUVIER, Leiter der Abteilung Social Business bei Renault, erklärt, wie der Automobilhersteller sich intensiv bemühte, das Problem der sozialen Ausgrenzung in Frankreich zu verstehen, und ein Beispiel für eine wirksame soziale Innovation zu einem Geschäftsmodell entwickelte. Er erläutert, wie sich das Thema Autofahren zur Frage der Mobilität allgemein entwickelt hat und wie das Unternehmen seinen sozialverantwortlichen Ansatz in den gesamten Geschäftsbetrieb hat einfließen lassen.

Michael Alberg-Seberich: Können Sie Ihre Rolle bei Renault beschreiben und wie Sie sich für die Themen Führung und Design, soziale Wirkung und Nachhaltigkeit im Unternehmen einsetzen?

François Rouvier: Ich bin bei Renault für den Bereich Social Business beziehungsweise Inclusive Business zuständig, der im Rahmen der CSR-Neuausrichtung von Renault entstanden ist.

Im Jahr 2011 beschlossen wir, dieses Experiment zu starten. Wir wollten die Idee des Sozialunternehmens verwirklichen, der wir nun Gestalt geben.

> *»Wenn alle Menschen uneigennütziger und großzügiger wären, wäre die Welt für alle ein Stück besser und reicher.«*

MAS: Welche persönlichen Werte treiben Sie an und wo gibt es Überschneidungen mit der Arbeit von Renault?

FR: Mein oberster Wert ist Humanismus. Altruismus und Großzügigkeit spielen für mich eine immense Rolle. Ich bin fest davon überzeugt, dass die Welt für alle besser und reicher wäre, wenn alle Menschen uneigennütziger und großzügiger wären. Was meine Arbeit betrifft, so versuche ich, beides miteinander zu verbinden. Deshalb sehe ich das Sozialunternehmertum als eine Art Synthese.

MAS: Wo setzt Renault bei seinem gesellschaftlichen Engagement und in puncto Nachhaltigkeit Schwerpunkte?

FR: In der Vergangenheit war Renault ein ganz normaler Autobauer. Jetzt entwickeln wir uns wie alle Autohersteller zu einem Anbieter von Mobilitätsdienstleistungen. Das bedeutet, dass wir nicht mehr nur Autos bauen und entwickeln, sondern dabei sind, ein Unternehmen zu werden, das erstens versucht, eine Reihe von Dienstleistungen rund um das Thema Mobilität anzubieten.

Zweitens sind wir seit Langem bei Kund:innen sehr beliebt. Wir sind keine Premiummarke wie BMW oder Mercedes-Benz, sondern wirklich eine Volksmarke, das heißt, Renault ist sehr nah am Menschen. Für mich verkörpert das der Slogan »Mobilität für alle«, wofür Renault steht. Als Mobilitätsanbieter, als Anbieter von Mobilitätsdienstleistungen war es keine Frage, dass wir den Ansatz »Mobilität für alle« auf jene Menschen ausweiten, die in Wirklichkeit gar nicht mobil sind beziehungsweise keinen Zugang mehr zu Mobilität haben. Unsere sozialunternehmerischen Aktivitäten sind sehr eng mit dem Kern von Renault verbunden.

MAS: Können Sie die Grundidee von Mobilize erläutern? Warum sagen Sie, dass das Programm Menschen, die im Moment vielleicht gar nicht mobil sind, Zugang zu Mobilität verschafft?

FR: Mobilize war der Name der Idee: der Versuch, mit Menschen am unteren Ende der Pyramide ins Geschäft zu kommen, mit Menschen, die keine Renault-Kund:innen mehr sind, weil sie sich keinen fabrikneuen Renault oder auch nur einen gebrauchten Renault leisten können. Sie können sich nur ein sehr, sehr altes Auto leisten, das sie auf Websites kaufen, wo die Gefahr besteht, ihr letztes Geld zu verlieren. Um diese Menschen geht es uns, Menschen, für die Mobilität entscheidend ist, um einen Job zu finden und zu behalten, die aber finanziell nicht mehr in der Lage sind, ein besseres Auto zu unterhalten oder zu kaufen.

Im Rahmen von Mobilize gibt es mehrere Projekte, zum Beispiel Garage Solidaire, wo es um Reparatur und Wartung geht. Angenommen, Sie befinden sich in einer finanziell schwierigen Situation und müssen Ihr Auto reparieren lassen, um einen Job zu bekommen. Eine staatliche Stelle vermittelt Ihnen eine Renault-Werkstatt in Ihrer Nähe. Ab jetzt macht niemand mehr Gewinn: weder die Werkstatt noch der Mechaniker, der Teilehändler oder Renault. Niemand! Dadurch verringern sich die Gesamtkosten um etwa 50 Prozent. Wenn das Auto nicht mehr repariert werden kann und Sie Anspruch auf Unterstützung haben, finden wir Möglichkeiten, Ihnen ein neues Auto für etwa 60 bis 80 Euro pro Monat zu beschaffen.

MAS: Ist Ihr Hauptpartner immer der Staat oder arbeiten Sie auch mit Wohlfahrtsverbänden zusammen?

FR: Wir arbeiten mit verschiedenen karitativen Einrichtungen zusammen, darunter einige private, wobei die meisten jedoch staatlich angebunden sind.

MAS: Wie würden Sie die Auswirkungen von Mobilize auf das Unternehmen und seine Mitarbeitenden allgemein beschreiben?

FR: Erstens bin ich mir sicher, dass es ein Motivationsfaktor für Mitarbeiter:innen ist. Diejenigen, die das Programm kennen, sind stolz darauf, dass Renault seine Verantwortung, seine soziale Verantwortung wahrnimmt und versucht, das Leben armer Menschen besser zu machen.

Zweitens beweisen wir seit 2011, dass Sozialunternehmertum Innovationen vorantreibt. Das gibt uns heute den Freiraum, mehr zu wagen.

Drittens haben wir dazu beigetragen, Unternehmertum populärer zu machen. Wir haben einen Wettbewerb für unternehmerische Projekte im Unternehmen ins Leben gerufen, der sich enormer Beliebtheit erfreut.

Und schließlich wollen sich Mitarbeitende heute am Arbeitsplatz stärker einbringen. Wir bieten den Menschen die Möglichkeit, sich im Rahmen unserer eigenen Projekte zu engagieren, indem sie neue Ideen entwickeln und ihre Kreativität unter Beweis stellen können.

MAS: Gab es einen bestimmten Zeitpunkt in Ihrer Karriere, an dem Sie beschlossen haben, in diesem Bereich für Renault zu arbeiten, statt in der traditionellen Geschäftsentwicklung zu bleiben?

FR: Ja, der Auslöser war ein sehr persönliches Erlebnis. Im Jahr 2002 bin ich an Krebs erkrankt. Ich konnte acht Monate lang nicht beziehungsweise nur in begrenztem Umfang von zu Hause aus arbeiten, wenn mich eine Chemotherapie nicht gerade völlig außer Gefecht gesetzt hatte. Ich hatte Zeit, über meine Zukunft nachzudenken. Ich war damals noch recht jung, etwa 35, 36 Jahre alt. Ich sagte mir, dass sich etwas ändern muss, ich müsse mich mehr fokussieren. Als ich von der Idee des Sozialunternehmens hörte, wusste ich: Das ist es, was ich wirklich machen will.

MAS: Wie sollte ein Unternehmen eine soziale Herausforderung angehen? Können Sie vor dem Hintergrund Ihrer Erfahrungen bei Renault ein paar grundlegende Tipps geben?

FR: Ich denke, als Unternehmer muss man zunächst einmal Erfahrung im Unternehmen gesammelt haben. Man braucht ein Netzwerk. Allein kommt man nicht weiter, wenn man am Anfang noch nicht im Unternehmen vernetzt ist. Als ich 2010/11 anfing, hatte ich ein Netzwerk, ein internes Netzwerk. Ich hatte mir Glaubwürdigkeit im Unternehmen erarbeitet.

Wenn diese Voraussetzungen gegeben sind, ist es meiner Meinung nach ein bisschen wie Marketing, normales Marketing. Konsumenten am Fuß der Pyramide sind Menschen, deren Bedürfnisse man verstehen muss, und man muss verstehen, wie man die eigenen Produkte oder Dienstleistungen auf sie abstimmen kann.

Wir haben Garage Solidaire nicht erfunden, aber wir haben recherchiert und beschlossen, dass wir diese Dienstleistung mit unserem eigenen Netzwerk besser und größer aufziehen können.

Bei einem Sozialunternehmen baut man mit, konzipiert, erfindet mit. Man muss Teil eines Ökosystems sein, um zu verstehen, wer potenzielle Partner sind. Dann findet man absolut überall Lösungen.

Immer, wenn Menschen sich einer Sache verschrieben haben und wirklich dahinterstehen, finden sich Lösungen. Selbst im B2B-Bereich kann man soziale Unternehmen aufbauen.

MAS: Gibt es bestimmte Managementprinzipien oder -instrumente, die sich als besonders hilfreich erwiesen haben?

FR: Ein Schlüsselwort ist Vertrauen. Vertrauen schaffen. Als großes Unternehmen werden Sie von potenziellen Partnern und Kund:innen misstrauisch beäugt, daher ist es entscheidend, hier Vertrauen aufzubauen. Das Gleiche gilt für Ihr internes Publikum, denn Sie schlagen etwas vor, das Ihr Unternehmen umkrempelt. Sie müssen dieselben Managementregeln anwenden, die Sie auch als gute Managerin oder guter Manager anwenden: Sie müssen sehr genau und gründlich sein und bei der Budgetverwaltung sehr strikt.

MAS: Was ist das wichtigste Argument für ein Unternehmen, den Schritt zu gehen, den Sie und Renault gegangen sind?

FR: Wir haben keine andere Wahl. Es ist einfach, über Corporate Social Responsibility nur für Kommunikationszwecke zu sprechen. Das ist aber völlig absurd. Wenn es nur darum geht, gut dazustehen, hat man den Umfang und die Bedeutung der eigenen Verantwortung nicht verstanden. Unternehmen tragen Verantwortung für die Umwelt. Das Gleiche gilt für ihre soziale Verantwortung. Wenn Unternehmen begreifen, dass der Staat nicht mehr leisten kann und die Verantwortung für die Linderung von Armut auch in den Händen von Unternehmen liegt, wird sich meiner Meinung nach etwas bewegen. Wenn Führungskräfte erkennen, dass ihr Engagement dem Unternehmen guttut und den Mitarbeitenden ein besseres Gefühl gibt, werden sie sich sicher mehr engagieren.

SCHLUSSBETRACHTUNG

Eine Haltung: unternehmerische und gesellschaftliche Werte zusammendenken

Etwas tut sich in der Wirtschaft und der Gesellschaft insgesamt. Langsam wächst die Erkenntnis, dass wir die Probleme der Welt, in der wir leben, gemeinsam lösen müssen. Diese Herausforderungen – von sozialer Inklusion bis Klimawandel – hängen eng miteinander und mit dem Zweck unserer Arbeit zusammen.

Dieses Buch geht von der Notwendigkeit aus, dass Unternehmen besser verstehen müssen, welche ihrer Ressourcen zur Lösung gesellschaftlicher Probleme beitragen können. Die Analysen, Geschichten und Beispiele in diesem Buch zeigen, wie Unternehmen, die ihr gesellschaftliches Engagement Schritt für Schritt in den Kern ihrer Arbeit und ihres Unternehmenszwecks integrieren, einen anderen und besseren Mehrwert für die Gesellschaft schaffen. Im Unternehmen heißt das: Fachwissen und Erfahrungen aus den Bereichen Marketing, Nachhaltigkeit, Innovation, Lieferkette, Controlling, Finanzen, Entwicklung, Vertrieb, Produktion, Kommunikation und Corporate Social Responsibility müssen verzahnt werden. Ein integrierter Ansatz bedeutet, Schubladendenken zu überwinden und Alleingänge zu vermeiden.

Es ist heutzutage eine Selbstverständlichkeit, dass eine effektive Führung entscheidend für das erfolgreiche Management eines Unternehmens ist. Dies gilt umso mehr vor dem Hintergrund der gesellschaftlichen Verantwortung von Unternehmen. Viel ist über das Management in einer zunehmend komplexeren Welt geschrieben worden. *The Corporate Social Mind* fordert Sie auf, sich dieser Komplexität nicht nur zu stellen, sondern sie als Chance für Unternehmen zu nutzen, um die Gesellschaft zu verbessern.

Letztendlich steht Corporate Social Mind für eine Denkweise, eine Wertvorstellung und Einstellung, kurz, eine Geisteshaltung.

Dabei sollten wir jedoch bedenken, dass soziales Engagement ein Marathon ist, kein Sprint. Das heißt auch: kontinuierlich lernen und entdecken, um sicherzustellen, dass Sie zu jeder Zeit und mit jedem Schritt einen bestimmten Meilenstein erreichen, der der Sache und Ihren Zielgruppen dient. Kurz gesagt: Neues Denken braucht Zeit. Fortschritte in sozialen Fragen zeigen sich in sinnvollen, langfristigen Ergebnissen.

In diesem Buch haben wir Führungspersönlichkeiten aus der Wirtschaft vorgestellt, die sich persönlich und den Unternehmen, die ihnen gehören, die sie leiten oder für die sie arbeiten, die anspruchsvolle Aufgabe gestellt haben, sich mit gesellschaftlichen Themenkomplexen auseinanderzusetzen, die nicht nur dem Wohl des Unternehmens dienen. Sie erfinden den Zweck der Wirtschaft neu. In den meisten, wenn nicht sogar in allen Fällen geht damit auch eine persönliche neue Sinnfindung einher.

Dabei bestreitet jedes Unternehmen im Hinblick auf sein gesellschaftliches Engagement einen schmalen Grat. Die Herangehensweise an soziale Themen führt oft zu neuen Gegebenheiten, in denen Entscheidungen zu unerwünschten Ergebnissen führen können. Man denke nur an die jüngsten Diskussionen und die Reaktionen auf die klare Position, die der Sportartikelhersteller Nike gegen Rassendiskriminierung in Verbindung mit dem American-Football-Spieler Colin Kaepernick bezogen hat, die jedoch mit anderen Praktiken des Unternehmens kollidierten, zum Beispiel damit, dass Sportlerinnen weniger Geld erhalten als ihre männlichen Kollegen.[1] Schon allein die Bewertung der sozialen und ökologischen Auswirkungen eines Produkts oder einer Dienstleistung kann viele Unternehmen dazu zwingen, sich solch schwierigen Entscheidungen zu stellen.

Bei aller Begeisterung für eine sozial-verantwortungsbewusste Haltung in Unternehmen sind wir uns bewusst, dass damit auch Dilemmata verbunden sind. Die Crux fängt schon mit der Wahrnehmung der allgemeinen Rolle von Unternehmen in unseren Gesellschaften an. Es verwundert nicht, dass Ausdrücke wie »Greenwashing« (irreführende Darstellungen der Umweltauswirkungen und der Arbeit eines Unternehmens in Bezug auf eine Praxis, eine Dienstleistung oder ein Produkt, die beziehungsweise das ihm ein umweltfreundliches Image geben soll) oder »Whitewashing« (Beschönigung oder Verschweigen wichtiger Themen, Herausforderungen oder problematischer Praktiken) von Kritikern häufig ins Spiel gebracht werden, wenn es um das gesellschaftliche Engagement von Unternehmen geht. Doch kleine und große Firmen sind sich mittlerweile sehr bewusst, dass Authentizität und Vertrauen an sich schon Unternehmenswerte darstellen. Nichtsdestotrotz müssen Wirtschaft und Gesellschaft dieses Spannungsverhältnis aushalten und erkennen, warum der allgemeine Zweck eines Unternehmens heute ein so wichtiges Thema ist.

Ein weiteres Argument, mit dem wir oft konfrontiert werden, ist der sogenannte Trittbrettfahrereffekt.[2] Es stimmt, dass andere Unternehmen Ihre Vorreiterrolle im Hinblick auf eine soziale Innovation oder die Förderung eines gesellschaftlichen Anliegens zum eigenen Vorteil ausnutzen können. Aber das ist kein Grund, sich nicht sozial zu engagieren. Wichtig ist, den Mut zu haben, in der Wirtschaft Verantwortung zu übernehmen. Anhand der Geschichten und Porträts in diesem Buch haben wir aufgezeigt, wie gesellschaftlicher und wirtschaftlicher Mehrwert geschaffen werden kann, wenn gute Unternehmensführung auf einen Corporate Social Mind trifft. Der Geschäftsführer von Sympatex, Rüdiger Fox, zeigt, wie der radikale Glaube an ein umweltfreundliches Modell einen ganzen Industriezweig umkrempeln kann. Renault beweist, dass der Mut, die Gründe für soziale Ausgrenzung vor der eigenen Haustür besser zu verstehen, sowohl enorme soziale Wirkung als auch Rentabilität schaffen kann.

Ein Zitat der Mutter von H. Jackson Brown (das üblicherweise fälschlich Mark Twain zugeschrieben wird) trifft es vielleicht am besten: »In 20 Jahren wirst du mehr enttäuscht sein über die Dinge, die du nicht getan hast, als über die Dinge, die du getan hast. Also löse die Knoten, laufe aus aus dem sicheren Hafen. Fange den Wind in deinen Segeln. Forsche. Träume. Entdecke.«

Das soziale Engagement von Unternehmen ist eine Reise, für die man eine besondere Haltung braucht, damit man das Ziel glücklich erreicht. Mit diesem Buch laden wir Sie ein, die Segel zu setzen.

DANKSAGUNG

DERRICK FELDMANNS DANK GILT VOR ALLEM …

- den Teammitgliedern von INFLUENCE|SG Cassie Evard und Dr. Amy Thayer für ihre Hingabe, ihre Zeit und ihr Fachwissen.

- dem Team des Ad Councils, darunter Lisa Sherman, Barbara Leshinsky, Kate Emanuel, Megan Sigesmund, Colleen Thompson-Kuhn und Ken Kroll. Ich danke euch. Ihr habt maßgeblich dazu beigetragen, gemeinsam mit anderen Unternehmen durch Marketing und Kommunikation Veränderungen anzuschieben, und mir gleichzeitig die Möglichkeit gegeben, neue Wege zu erkunden, die zu neuen Entdeckungen geführt haben.

- den vielen Menschen, die meinem Denken Inspiration und Herausforderung sind. Mein besonderer Dank gilt Tony Foleno, Senior Vice President of Strategy and Evaluation des Ad Council, Asha Curran, Executive Director von GivingTuesday, Jean Case, Geschäftsführerin der Case Foundation,

Clay Robbins, Geschäftsführer von Lilly Endowment, Simon Moss, Mitgründer von Global Citizen, Charmian Love, Vorsitzende und Mitgründerin von B Lab UK sowie Kathy Buechel von der Benter Foundation.

MICHAEL ALBERG-SEBERICHS DANK GILT VOR ALLEM ...

- den derzeitigen und ehemaligen Mitarbeiter:innen von Wider Sense, darunter Theresa Bartsch, Lisa Born, Lea Buck, Nadine Bubner, Fanny Döke, Marius Ehrlinspiel, Britta Engling, Maximilian Grimm, Kerstin Ischen, Anne Marie Jacob, Simon Kaiser, Tim Kotschenreuther, Anne-Sophie Oehrlein, Julia Oestreich, Carmen Pägelow, Eva Schneider, Karenina Schröder, Ulrike Sommer, Lisa Steinke, Gabriele Störmann, Fabian Suwanprateep, Sarah Winkler, Anna Wolf und Michaels derzeitigem Geschäftspartner Stephan Dorgerloh. Ein besonderes Dankeschön geht an Dr. Felicitas Peter! Alle diese Menschen setzen sich unermüdlich an vorderster Front für Erkenntnisgewinn und Strategie ein – mit wahrlich weltumspannender Wirkung. Mein Dank gilt auch Dr. Stephan Goetz und Stefan Sankjohanser, den Gründern und Inhabern von goetzpartners, die es mir ermöglicht haben, die Erfahrungen und Kenntnisse zu sammeln, die die Grundlage für dieses Buch bilden. Armin Raffalski war ein großartiger Begleiter auf diesem Weg, ebenso wie viele andere Mitglieder des Teams von goetzpartners.

- den vielen Menschen, die meine Arbeit immer wieder hinterfragen und stets ein offenes Ohr für den Erfahrungsaustausch haben. Ein besonderer Dank gilt Prof. Dr. Laura Marie Edinger-Schons, Lehrstuhlinhaberin für Corporate Social Responsibility an der Universität Mannheim, Dr. Holger

Backhaus-Maul von der Martin-Luther-Universität Halle-Wittenberg und Dr. Knut Bergmann, Leiter Kommunikation und Hauptstadtbüro beim Institut der deutschen Wirtschaft. Außerdem geht mein herzlicher Dank auch an Felix Dresewski, Direktor der Kurt und Maria Dohle Stiftung, der als Freund und Kollege immer wieder den Status quo hinterfragt.

WIR DANKEN BEIDE …

- den Menschen, die uns inspiriert und unterstützt haben, diese Idee und dieses Buch mit Leben zu füllen.

- den wunderbaren Menschen, die dieses Buch möglich gemacht haben: Cindy Dashnaw, Tyler Hansen, Ulla Keienburg und dem Team von Redline. Ein großer Dank geht an die Übersetzerin der deutschen Ausgabe, Dr. Janina Gatzky, die dafür gesorgt hat, dass beim Übersetzen Inhalt und Bedeutung sicher das sprachlich andere Ufer erreichen. Darüber hinaus sind wir jenen Menschen zu Dank verpflichtet, die in ihren vollen Terminkalendern Zeit für uns freigeschaufelt haben, damit wir anderen einen Einblick in ihr soziales Engagement geben können: Iris Braun, Koen Demaesschalck, Rüdiger Fox, Jennifer Foyle, Karin Heyl, Christiane Hoelscher, Laura Kistemaker, Stephan Kohorst, Daniel Lee, Christine McGrath, David Raper, François Rouvier, Christoph Selig, Tom Sazky und Dr. Nathalie von Siemens.

- den Menschen, mit denen wir jeden Tag zusammenarbeiten und die uns daran erinnern, warum wir uns mit unserer Arbeit für den sozialen Wandel einsetzen.

- der Bertelsmann-Stiftung und der McConnell-Stiftung, die uns zusammengeführt und uns ermöglicht haben, gemeinsam an Projekten zu arbeiten. Die gemeinsame Arbeit bot uns stets einmalige Chancen, unser eigenes Denken weiterzuentwickeln.

- den vielen Klient:innen, mit denen wir gemeinsam Erfahrungen sammeln dürfen und jeden Tag Gutes tun können.

VIELEN DANK

WAS ANDERE ÜBER DAS BUCH SAGEN

»In immer mehr Unternehmen wird darüber diskutiert, wie man in einer komplexen Welt Gutes tun kann. Dieses Buch bietet eine praktische Anleitung, um die Frage vor dem Hintergrund eines systemischen Verständnisses der Verantwortung von Unternehmen gegenüber der Gesellschaft zu beantworten. Die in diesem Buch vorgestellten Fallbeispiele und die von den Autoren entwickelten Merkmale von sozial engagierten Unternehmen bieten einen Rahmen, um diese Themen zu vertiefen und das soziale Engagement eines Unternehmens mit seinen Kernzielen in Einklang zu bringen.«

Prof. Dr. Johannes Meier, Aufsichtsratsmitglied Gasunie, Vorsitzender des Kuratoriums der Mercator-Stiftung und Vorstandsmitglied UNICEF Deutschland

»Ein wichtiges Thema, die richtigen Autoren, ein tolles Buch.«

Dr. Knut Bergmann, Institut der deutschen Wirtschaft, Leiter Kommunikation und Hauptstadtbüro

»The Corporate Social Mind ist der ideale Leitfaden für Unternehmen, die ihr soziales Engagement neu ausrichten und mit sozialen Bewegungen zusammenarbeiten wollen. Ich empfehle dieses Buch allen Führungskräften, die besser verstehen wollen, wie man in einer Welt, in der neue Wirtschaftssysteme entstehen, überlebt und wachsen kann.«

Charmian Love, Mitgründerin und Vorsitzende des B Lab UK

»*The Corporate Social Mind* ist hochaktuell, erfrischend geschrieben und bietet konkrete Handlungsanleitungen. Derrick Feldmann und Michael Alberg-Seberich stellen die richtigen Fragen und geben all jenen eine Stimme, die etwas verändern wollen. Eine Pflichtlektüre für alle, die nicht nur über soziales Engagement reden, sondern auch aktiv werden wollen.«

Dr. Johanna Mair, Professorin für Management, Strategie und Leadership an der Hertie School; Visiting Scholar der Hewlett-Stiftung, am Stanford Center on Philanthropy and Civil Society, akademische Herausgeberin des Magazins *Stanford Social Innovation Review*

»Angesichts der aktuellen Herausforderungen müssen wir genau schauen, was nötig ist, um nachhaltig Wirkung zu erzielen und echten Wandel herbeizuführen. Das Buch von Derrick Feldmann und Michael Alberg-Seberich bietet Anregungen für Führungskräfte von heute. Es wirft einen frischen und ganzheitlichen Blick auf zeitgemäße Ansätze für wirksames gesellschaftlich-verantwortliches Handeln. Im Rahmen der Arbeit des Ad Councils erleben wir unmittelbar, wie das Zusammenspiel von unternehmerischer Philanthropie und Innovation, Marketing und Kommunikation effektive Möglichkeiten schafft, die Öffentlichkeit einzubeziehen, aber auch das Engagement von Mitarbeiter:innen zu fördern und das Geschäftsergebnis zu verbessern. Dieses Buch inspiriert und motiviert, sich mehr zu engagieren.«

Lisa Sherman, Präsidentin und
Geschäftsführerin, Ad Council

»*The Corporate Social Mind* stellt einen zeitgemäßen Beitrag zu einer wichtigen Debatte über die Verantwortung von Unternehmen dar. Die Fallbeispiele sind gut gewählt, die vorgestellten Managementpraktiken regen zur Umsetzung an und die aufgeworfenen Fragen thematisieren die künftige Rolle der Wirtschaft in der Gesellschaft.«

Johannes Huth, Partner und Vorsitzender von
KKR Europa, Mittlerer Osten und Afrika

»Seit 20 Jahren unterstützt Chief Executives for Corporate Purpose (CECP) führende Unternehmen dabei, die Welt durch ihre Geschäftstätigkeit ein bisschen besser zu machen. Mit *The Corporate Social Mind* haben Derrick Feldmann und Michael Alberg-Seberich einen unverzichtbaren Leitfaden mit aussagekräftigen Fallbeispielen für alle verfasst, die den oft unübersichtlichen Raum zwischen sozialen Herausforderungen und Unternehmensstrategie gestalten wollen.«

Daryl Brewster, Geschäftsführer von
Chief Executives for Corporate Purpose

»Immer mehr Menschen erwarten von privatwirtschaftlichen Unternehmen, dass sie nicht nur ihren Shareholder Value maximieren, sondern auch da mehr Verantwortung übernehmen, wo der Staat seinen Verpflichtungen nicht nachkommt. Einige Unternehmen haben diese neue Rolle bereits angenommen, indem sie sich an die Spitze des sozialen Wandels stellen und damit die Zukunft unserer menschlichen Zivilisation mitgestalten. Das Buch bietet einen hervorragenden Überblick über gute Praxis und aktuelle Entwicklungen in diesem Bereich. Gleichzeitig eröffnet es einen Raum für die kritische Diskussion aktueller Entwicklungen und unterstreicht die Bedeutung gemeinsamer Reflexion. Eine Pflichtlektüre für alle, die Wirtschaft bewusst gestalten wollen – unabhängig von der Managementebene.«

Dr. Laura Marie Edinger-Schons, Professorin für Nachhaltiges Wirtschaften an der Wirtschaftsfakultät der Universität Mannheim, Digital Social Innovation Lab

»Ein unschätzbares Werkzeug für Unternehmen, die mehr tun wollen. *The Corporate Social Mind* bietet eine einzigartige, multidisziplinäre Perspektive auf Möglichkeiten, soziale Wirkung zu erzielen, die Ihrer Marke und Ihren Werten entspricht.«

Katie Hunt-Morr, Direktorin, Virgin Unite

»Viele Jahre lang haben wir unter den sozialen Auswirkungen der amerikanischen Shareholder-Value-Doktrin gelitten. Dann kam Greta. Dies macht das Buch zu einer wichtigen Handreichung mit Tipps und Beispielen für verantwortungsbewusstes Handeln in kleinen und großen Unternehmen in einer Zeit großer Herausforderungen für die Gesellschaft und Unternehmen, die einen wichtigen Beitrag in puncto Nachhaltigkeit leisten sollten.«

Dr. Stephan Goetz, Geschäftsführender Partner, goetzpartners Corporate Finance

»Mein Ansatz war immer, Nachhaltigkeit mit geschäftlichen Fragen zu verknüpfen, um (sozialen, ökologischen und wirtschaftlichen) Mehrwert für alle zu schaffen. Dies kann nur gelingen, wenn man den eigenen Worten auch die passenden Taten folgen lässt. Dieses Buch zeigt, wie's geht. Eine inspirierende Lektüre, die zum Handeln anregt!«

Fanny Frémont, Geschäftsführerin, Responsible Mica Initiative

»Derrick Feldmann und Michael Alberg-Seberich haben ein durchdachtes, verständliches Handbuch vorgelegt, das Führungskräften nicht nur zeigt, wie sie soziales Engagement in ihr Unternehmen einbinden, sondern zu einem zentralen Bestandteil der Unternehmensstrategie machen können. *The Corporate Social Mind* erweitert den Blick auf Chancen, wie Unternehmen über die kritische Einbindung von sozialen und ökologischen Zielen hinaus gesellschaftliche Wirkung entfalten können. Ein Muss für alle Führungskräfte.«

Rachel Hutchisson, Vizepräsidentin für Corporate Citizenship & Philanthropie, Blackbaud, Inc.

»In Familienunternehmen ist die Förderung des sozialen Bewusstseins über Generationen hinweg Teil unserer DNA. In einer sich immer schneller verändernden Welt, in der die Ungleichheit zunimmt, brauchen wir neue Kennzahlen, um ein Wirtschaftssystem zu schaffen, das gesellschaftlichen Bedürfnissen besser Rechnung trägt. Mit diesem Buch geben Derrick Feldmann und Michael Alberg-Seberich uns ein unschätzbares Instrument an gelebten Erfahrungen und bewährten Praktiken an die Hand, die zum Weiterdenken anregen, um ›sozialen Wandel von innen heraus‹ zu bewirken. Ihr Buch ist eine Pflichtlektüre für jede lernende Unternehmerfamilie.«

Olivier de Richoufftz, Präsident, Business Families Foundation

»*The Corporate Social Mind* ist sprachlich und inhaltlich klar formuliert, gespickt mit wertvollen Ratschlägen und praktischen Tipps. Der dringende Aufruf zum Handeln kommt zur rechten Zeit: Selbst gewählte soziale Werte sollten Unternehmen verpflichten, diese aktiv zu leben, gesellschaftliche Belange zu fördern und authentisch aufzutreten. Das Buch bietet Unternehmen eine handfeste Anleitung, die richtigen Mittel zu finden, um zur Lösung gesellschaftlicher Probleme beizutragen. Es unterstützt Führungskräfte dabei, den nötigen Bewusstseinswandel zu vollziehen.«

Maria Serena Porcari, Geschäftsführerin,
Dynamo Academy Social Enterprise

»Die Lenkung unternehmerischen Handelns im Sinne des Unternehmenszwecks und des sozialen Engagements ist heutzutage eine wichtige Führungsaufgabe. Das Buch von Derrick Feldmann und Michael Alberg-Seberich bietet eine Fundgrube an konkreten Beispielen für diese Art der Führung auf verschiedenen Managementebenen. Ihre acht Merkmale sollten in den Werkzeugkasten eines jeden modernen Unternehmens gehören.«

Brigitte Lammers, Partnerin, Egon Zehnder

QUELLEN

EINFÜHRUNG

1 Eggers, W. D., Macmillan, P. (2013). Government Alone Can't Solve Society's Biggest Problems. *Harvard Business Review*.

2 Porter, M. E./Kramer, M. R. (2011). Creating shared value: How to reinvent capitalism – and unleash a wave of innovation and growth. *Harvard Business Review, 89* (1/2), S. 62–77; Hoffman, A. J. (2018). The next phase of business sustainability. *Stanford Social Innovation Review*.

3 Vgl. z. B. Bhattacharya, C.B. (2019). *Small Actions, Big Difference: Leveraging Corporate Sustainability to Drive Business and Societal Value*. New York, NY: Routledge.

4 Gartenberg, C. (2021). Purpose-Driven Companies and Sustainability. *SSRN Electronic Journal*, https://doi.org/10.2139/ssrn.3786823.

5 The Sustainability Institute by ERM. (2021). *What's next for sustainable business? 2021 trend report*.

6 Vgl. z. B. Deloitte. (2021). The Deloitte global millennial survey. https://www2.deloitte.com/global/en/pages/about-deloitte/articles/millennial-survey.html; Qualtrics (2021). The power of purpose: how corporate social responsibility (CSR) influenced employee engagement in 2020. https://www.qualtrics.com/de/research-center/csr-report-2021/.

7 Vgl. z. B. Peakon (2020). Der Employee Expectations Report 2020. https://s3-eu-west1.amazonaws.com/materials.peakon.com/content/employee_expectations_2020.pdf

8 Capgemini (2020). *Consumer Products and Retail – How sustainability is fundamentally changing consumer preferences*. https://www.capgemini.com/wp-content/uploads/2020/07/20-06_9880_Sustainability-in-CPR_Final_Web-1.pdf

9 Hoffman, A. J. (2018). The next phase of business sustainability. *Stanford Social Innovation Review*. https://ssir.org/articles/entry/the_next_phase_of_business_sustainability; Global Sustainable Investment Alliance. (2020). 2020 Global Sustainable Investment Review. http://www.gsi-alliance.org/wp-content/uploads/2021/08/GSIR-20201.pdf

10 U.S. Business Roundtable. (2019). Business roundtable redefines the purpose of a corporation to promote ›an economy that serves all Americans‹. https://www.businessroundtable.org/business-roundtable-redefines-the-purpose-of-a-corporation-to-promotean-economy-that-serves-all-americans.

11 »From Good Intentions to Good Results: Corporate Citizenship of Germany's DAX30 Companies«, Wider Sense and goetzpartners (Mai 2017), https:// en.widersense.org/studies/corporate-citizenship- benchmark.

12 Vgl. z. B. Awaysheh A., Heron R. A., Perry T., Wilson, J. I. (2020). On the relation between corporate social responsibility and financial performance. *Strategic Management Journal*, 41 (6), S. 965–987. https://doi.org/10.1002/smj.3122; Eccles, R. G., Ioannou, I., Serafeim, G. (2014). The Impact of Corporate Sustainability on Organizational Processes and Performance. *Management Science*, 60 (11), S. 2835–2857.

13 Vgl. z. B. World Economic Forum (2021). *How responsible leaders can create sustainable organizations that deliver value and impact*. https://www.weforum.org/agenda/2021/09/how-responsible-leaders-can-create-sustainable-organizations-that-deliver-value-and-impact-for-all-stakeholders/.

14 Qualtrics (2021). *The power of purpose: how corporate social responsibility (CSR) influenced employee engagement in 2020*. https://www.qualtrics.com/de/research-center/csr-report-2021/.

KAPITEL 1

1 Adam Smith, *The Theory of Moral Sentiments*. London: Printed for A. Millar, and A. Kincaid and J. Bell: Edinburgh, 1759.

2 Chris D. Frith and Tania Singer, »The role of social cognition in decision making«, *Philosophical Transactions of the Royal Society B*. 363 (Oktober 2008): https://doi.org/10.1098/rstb.2008.0156.

3 Siemens, »Business to Society Report: Making Real What Matters to the USA«, 2017, https://assets.new. siemens.com/siemens/assets/api/uuid:6ca41768fecba9 46a82b4132b3b667cbc21ffbdc/version:1513279412/ us-cc-b2s-report-120117-en.pdf.

4 »Microsoft's 2018 Annual Report«, microsoft.com, accessed January 28, 2020, https://www.microsoft. com/en-us/annualreports/ar2018/annualreport.

KAPITEL 2

1 Salesforce, »About Us«; and CRM 101: »What Is CRM? «, salesforce.com, accessed January 28, 2020, https://www.salesforce.com/company/about-us; https://www.salesforce.com/crm/what-is-crm.

2 Robert Safian, »Salesforce's Marc Benioff on the Power of Values«, *Fast Company*, 17. April 2017, https://www.fastcompany.com/40397514/salesforces- marc-benioff-on-the-power-of-values.

3 Whole Foods Market, »Company Info«, wholefoodsmarket.com, accessed 6. September 2019, www.wholefoodsmarket.com/company-info.

4 American Express, »Supplier Standards and Conduct«, americanexpress.com, letzter Zugriff 28. Januar 2020, https://www.americanexpress.com/us/supplier-management/supplier-standards/our-blue-box-shared-values.html.

KAPITEL 3

1 About SchlaU-Schule, letzter Zugriff 28. Januar 2020, https://www.schlau-schule.de/.

2 Alexander C. Kaufman, »The CEO Who Took on Indiana's Anti-LGBT Law – and Won«, 7. April 2015, HuffPost, https://www.huffpost.com/entry/marc- benioff-indiana_n_7017032?guccounter=1.

3 Beyond Philanthropy and Laura Edinger-Schons, *Choosing the right set-up for corporate volunteering: Insights from the DAX30*, Universität Mannheim, 2019.

4 Woody Hochswender, »SIGNALS; Why Levi's Don't Fit Scouts«, *The New York Times*, 31. Mai 1992.

KAPITEL 4

1 Bailey Loosemore, »Sorry, we're closed: How everyone is hurt when grocery stores shut down«, *Louisville Courier Journal*, 10. Januar 2019, https://www. courier-journal.com/story/news/local/2019/01/10/ louisville-food-deserts-how-grocery-stores-closing- hurt-community/1944809002.

2 Bailey Loosemore, »Kroger's mobile market brings fresh food to Louisville neighborhoods without access«, *Louisville Courier Journal*, 15. August 2019, https://www.courier-journal.com/story/news/ local/2019/08/15/ kroger-launches-mobile-grocery- store-louisville-food-bank/1804469001.

3 Ebd.

4 Ekaterina Petrova, »Why brands should take a stand in their ads: 3 perspectives, 1 campaign«, *Think with Google*, November 2017, https://www.thinkwithgoogle.com/advertising-channels/video/pov- cultural-advertising/.

KAPITEL 5

1 Siemens, »Siemens' commitment to refugees«, 14. September 2016, https://press.siemens.com/global/en/feature/siemens-commitment-helping-refugees.

2 Rachel D. Godsil, Linda R. Tropp, Phillip Atiba Goff, and John A. Powell, »Addressing Implicit Bias, Racial Anxiety, and Stereotype Threat in Education and Health Care«, *The Science of Equality, Volume 1*, November 2014, http://perception.org/wp-content/ uploads/2014/11/Science-of-Equality-111214_web.pdf.

KAPITEL 6

1 Robert Safian, »How CEO Mark Parker Runs Nike To Keep Pace With Rapi Change«, *Fast Company*, 5. November 2012, https://www.fastcompany.com/3002642/how-ceo-mark-parker-runs-nike-keep- pace-rapid-change.

2 New Plastics Economy, »Global Commitment«, letzter Zugriff 28. Januar 2020, https://www. newplasticseconomy.org.

3 Frans Johansson, *The Medici Effect: Breakthrough Insights at the Intersection of Ideas, Concepts, and Cultures.* Brighton, MA: Harvard Business Review Press, 2004.

4 Santiago Rincón-Gallardo and Michael Fullan, »Essential Features of Effective Networks in Education«, *Journal of Professional Capital and Community*, 2016. Egon Endres, »Grenzgänger – ein neuer Managementtypus«, *Internationale Zeitschrift für Veränderung, Lernen, Dialog*, Heft 7, S. 54–61, 2004.

5 Tamarack Institute, tamarack community.ca, letzter Zugriff 28. Januar 2020, www.tamarackcommunity.ca.

6 John Kania and Michael Kramer, »Collective Impact«, *Stanford Social Innovation Review*, Winter 2011.

7 Röchling Foundation and Wider Sense, »POLYPROBLEM«, 2019, https://www.roechling-stiftung.de/studie-polyproblem.

KAPITEL 7

1 Consultant Bill Hennessy makes a point that Drucker may have never said this quote: Bill Hennessy, »I Wish Drucker Never Said It«, 9. September 2015, http://billhennessy.com/simple-strategies/2015/09/09/i-wish-drucker-never-said-it.

2 Peter F. Drucker (1967). *The Effective Executive*, Harper & Rowe, 1967.

3 Paul Brest, »The Power of Theories of Change«, *Stanford Social Innovation Review*, Frühling 2010.

4 Mondelēz International Inc., »Impact for Growth: 2017 Progress Report«, S. 36.

5 There are a variety of introductory guides available for the IOOI method, including »Corporate Citizenship: plan and measure with the IOOI method: a guide to the social engagement of companies«, from the Bertelsmann Foundation. Vgl. Celia Moore, »IBM's Model for Corporate Philanthropy«, *Alliance*, June 1, 2006, https://www. alliancemagazine.org/feature/ibm-s-model-for-corporate-philanthropy und MDRC, »An Overview of the NYC P-TECH Grades 9–14 Model«, Dezember 2018, https://www.mdrc. org/publication/overview-nyc-p-tech-grades-9-14- model.

6 Schneider Electric, »Financial and Sustainable Development Annual Report: Registration Document 2017«, S. 131ff.

7 Jeremy Nicholls et al., *A guide to social return on investment*. The SROI Network, Januar 2012, http:// www.socialvalueuk.org/app/uploads/2016/03/The%20 Guide%20to%20Social%20Return%20on%20 Investment%20 2015.pdf.

8 The B Impact Assessment, letzter Zugriff 28. Januar 2020, https://bimpactassessment.net.

9 Economy for the Common Good, letzter Zugriff 28. Januar 2020, https://www.ecogood.org/.

10 SASB, letzter Zugriff 28. Januar 2020, https://www.sasb.org.

11 Value Balancing Alliance (2019): https://www.value- balancing.com/.

12 Der Historiker Jerry Z. Mueller beschreibt detailliert, wann Messungen sinnvoll sind und wann nicht in seinem 2018 erschienenen Buch *The Tyranny of Metrics*.

KAPITEL 8

1 Dies ist eine Beschreibung des alten Campus. Er ist umgezogen in einen neuen, eigens gebauten Campus in Dortmund in der Nähe von Witten.

SCHLUSSBETRACHTUNG

1 Don't do it: »Nike is embroiled in a doping scandal«, *The Economist*, 5. Oktober 2019, https://www. economist.com/business/2019/10/05/nike-is- embroiled-in-a-doping-scandal.

2 Bergmann, K./Alberg-Seberich, M., »Unternehmen dürfen nicht altruistisch sein«, Hüther,M./ Bergmann, K./Enste, D. H. (Hrsg.), *Unternehmen im öffentlichen Raum*, Springer-Verlag, 2014, S. 229–250.

ABKÜRZUNGSVERZEICHNIS

B-Corp	Benefit Corporation
CEO	Chief Executive Officer
COO	Chief Operating Officer
CRM	Customer-Relationship-Management/Kundenmanagement
CSR	Corporate Social Responsibility
CSM	Corporate Social Mind
ESG	Environment Social Governance
GRI	Global Reporting Initiative
IOOI	Input, Output, Outcome, Impact
KPI	Key Performance Indicators (Zielindikatoren)
LGBTQ	**L**esbian, **G**ay, **B**isexual, **T**ransgender and **Q**ueer
MINT	Fächergruppe Mathematik, Informatik, Naturwissenschaft und Technik
NGO	Non-Governmental Organization/Nicht-Regierungsorganisation
SROI	Social Return on Investment
UNGC	United Nations Global Compact

Siehe auch das Glossar

GLOSSAR

B-Corp Ein internationales Zertifikat, mit dem die sozialen und ökologischen Auswirkungen eines Unternehmens beschrieben werden.

Blue Ocean Strategy Erschließung von innovativen (Teil-) Märkten als Managementstrategie.

C-Level Das oberste Führungspersonal verschiedener Unternehmensbereiche. Das ›C‹ steht für ›Chief‹, wie in Chief Executive Offer, Chief Operating Officer oder Chief Financial Officer.

Collective Impact Ein auf Kollaboration basierender Ansatz, um gesellschaftliche Herausforderungen anzugehen.

Corporate Activism zielt auf die politische Öffentlichkeit und Entscheidungstragende, um positive gesetzliche oder regulatorische Veränderungen zu bewirken.

Corporate Citizenship Das proaktive, freiwillige gesellschaftliche Engagement eines Unternehmens zum vorrangigen Nutzen von Umwelt und Gesellschaft.

Corporate Giving Finanzielle oder nicht-finanzielle Spenden vorranging an gemeinnützige Organisationen (zum Beispiel Vereine, Stiftungen und gGmbHs).

Corporate Impact Investing, auch Social Impact Fonds Investitionen in Geschäftsmodelle, die durch marktbasierte Ansätze gesellschaftliche Probleme lösen. Können als Fonds organisiert werden.

Corporate Social Mind Eine unternehmerische Haltung, die bestimmt ist von dem Erreichen positiver gesellschaftlicher (sozialer und ökologischer) Wirkung.

Corporate Social Responsibility (CSR) In seiner breitesten Definition bezeichnet es die ökonomische, juristische, ethische und selbst ermessene Verantwortung, die ein Unternehmen gegenüber der Gesellschaft hat.

Corporate Volunteering richtet sich darauf, die eigenen Mitarbeitenden in das Engagement einzubinden und dabei sowohl eine gesellschaftliche Wirkung zu erzielen als auch intern Werte und Verantwortungsbewusstsein zu vermitteln.

ESG Ökologische (E), Soziale (S) und Governance (G)-Themen und Metriken, die von Investor:innen und anderen Stakeholder:innen herangezogen werden, um die Nachhaltigkeit eines Unternehmens zu bewerten.

ESG-Reporting-Standards definieren Themen und Metriken für die Nachhaltigkeitsberichterstattung und setzen damit (implizit oder explizit) eine normative Vision für nachhaltiges Unternehmenshandeln. Prominente Beispiele sind GRI, SASB, TCFD und CDSB.

Global Reporting Initiative (GRI) Allianz zu Richtlinien für die Erstellung von Nachhaltigkeitsberichten von Unternehmen und so weiter.

Impact (Wirkung) Gesamtgesellschaftliche Wirkung, die durch eine Intervention erreicht wird.

Input Ressourcen, die im Kontext des gesellschaftlichen Engagements eingesetzt werden.

Key Performance Indicators (KPIs) Kennzahlen, die die Leistung beziehungsweise den Fortschritt einer Organisation im Hinblick auf festgelegte Zielvorgaben messen. Idealerweise sind sie SMART: **s**pezifisch, **m**essbar, **a**ktivierend, **r**ealistisch und **t**erminiert.

Materialitäts-/Wesentlichkeits-Analyse Die Identifikation der gesellschaftlichen Themen, die für ein Unternehmen besonders relevant sind, weil sie seine zukünftige finanzielle Performance (finanzielle Materialität) und/oder seinen Einfluss auf die Gesellschaft (soziale und ökologische Materialität) bedingen.

Nachhaltigkeit Ein übergeordnetes Handlungsprinzip im Sinne einer dauerhaft lebenswerten Welt. In seiner holistischen Deutung lässt es sich wie folgt zusammenfassen: Eine gesunde Umwelt ist die Voraussetzung, eine funktionierende Wirtschaft stellt die Mittel bereit und soziales Wohlergehen ist das Ziel.

Organisationseinheit (OE) Ein Element der Aufbauorganisation einer Organisation. Im Unternehmenskontext kann dies zum Beispiel eine regionale Niederlassung oder eine Konzernfunktionsabteilung sein.

Outcome Nutzen, den eine Intervention auf individueller oder aggregierter Ebene für ihre Zielgruppen erbringt.

Output Konkrete Aktionen oder Produkte, die durch gesellschaftliches Engagement geschaffen werden.

Purpose Die Antwort auf die Frage, warum ein Unternehmen existiert – jenseits der Finanzen.

Sharing Economy Die gemeinschaftliche Nutzung von Gütern durch Teilen, Tauschen, Leihen, Mieten oder Schenken sowie die Vermittlung von Dienstleistungen.

Shared Value Kommerzielle Strategien, die die Wettbewerbsfähigkeit eines Unternehmens erhöhen und gleichzeitig die wirtschaftlichen und sozialen Bedingungen in den Gemeinschaften fördern, in denen es tätig ist.

Shareholder Die Inhaber:innen und Anteilseigner:innen eines Unternehmens.

Social Return on Investment (SROI) Methode zur Berechnung des gesellschaftlichen Mehrwerts von Kapitaleinsatz, auch Sozialrendite.

Soziale Innovation Neue Idee oder Methode, die ein gesellschaftliches Problem wirksamer lösen kann als bisherige Ansätze.

Sozialunternehmen Organisationen, die soziale oder ökologische Probleme mit unternehmerischen Mitteln lösen.

Stakeholder:innen Externe oder interne Personengruppen, die ein wirtschaftliches, finanzielles oder ideelles Interesse an dem Handeln eines Unternehmens haben.

Sustainable Development Goals (SDGs) Die Nachhaltigen Entwicklungsziele beschreiben 17 Ziele und 169 Unterziele für eine nachhaltigere Welt. Sie wurden im Jahr 2015 von den Vereinten Nationen verabschiedet und sollen bis 2030 erreicht werden.

United Nations Global Compact (UNGC) Die weltweit größte CSR-Initiative, gegründet im Jahr 2000. Der UNGC beschreibt zehn Prinzipien in den Bereichen Menschenrechte, Arbeitsbedingungen, Umwelt und Anti-Korruption, die jede teilnehmende Organisation unterschreiben muss. Mehr als 14 000 Unternehmen unterschiedlicher Größe haben den UNGC unterzeichnet (Stand Oktober 2021).

DIE AUTOREN

Derrick Feldmann ist ein gefragter Redner, Forscher und Berater für Organisationen und Unternehmen im Bereich soziale Bewegungen und Themen. Er spricht regelmäßig auf Veranstaltungen und vor Organisationen auf der ganzen Welt darüber, wie Unternehmen und Organisationen öffentliches Interesse an sozialem Wandel wecken können. Er ist Autor von zwei Büchern: *Social Movements for Good: How Companies and Causes Create Viral Change* und *Cause for Change: The Why and How of Nonprofit Millennial Engagement*.

Feldmann ist Geschäftsführer des Movement Design Studios INFLUENCE|SG. Außerdem ist er Geschäftsführer von Ad Council Edge, der strategischen Beratungsabteilung des Ad Councils.

Seine Arbeiten werden regelmäßig von Zeitungen wie *Forbes, Fast Company* und dem *Wall Street Journal* zitiert und gelten als zuverlässige Datenquelle für zeitgemäßes gesellschaftliches Engagement. Er leitete das Forschungsteam von *Influencing Young America to Act*, eine Studie, die untersucht, wie junge Erwachsene von sozialen Bewegungen beeinflusst werden und andere beeinflussen, selbst zu Unterstützern zu werden.

Michael Alberg-Seberich ist als Geschäftsführer von Wider Sense mit Sitz in Berlin für die Entwicklung des Unternehmens verantwortlich. Er leitet die Beratungsarbeit von Wider Sense und befasst sich mit allen Fragen rund um Philanthropie, CSR und Impact Investing.

Neben seiner Beratungstätigkeit ist Alberg-Seberich als Organisationsentwickler, Moderator, Mediator und Coach tätig. Er schreibt regelmäßig für die Zeitschrift *Alliance*, den Blog des Center for Effective Philanthropy und eine Reihe anderer Blogs. Zusammen mit dem Team von Wider Sense kuratiert und moderiert er den Wider-Sense-Podcast mit Berichten aus der Praxis. Außerdem hält er Vorträge zu einer Vielzahl von Themen in diesem Bereich.

Bevor er zu Wider Sense kam, arbeitete Alberg-Seberich in verschiedenen leitenden Positionen bei Active Philanthropy und der Bertelsmann Stiftung. Er betreute und leitete den Carl Bertelsmann-Preis 2007 »Soziales Engagement als Bildungsziel«.

Alberg-Seberich studierte Amerikanistik, Anthropologie und Völkerrecht und lehrte nach seinem Abschluss Sprachen und Kulturpolitik an der Universität Oxford.

STICHWORTEVERZEICHNIS

T

U

V

W

X

Y

Z